Qualllen

Ein Portrait
von
Samuel Hamen

NATURKUNDEN

NATURKUNDEN № 81

herausgegeben von Judith Schalansky
bei Matthes & Seitz Berlin

Inhalt

Portraits

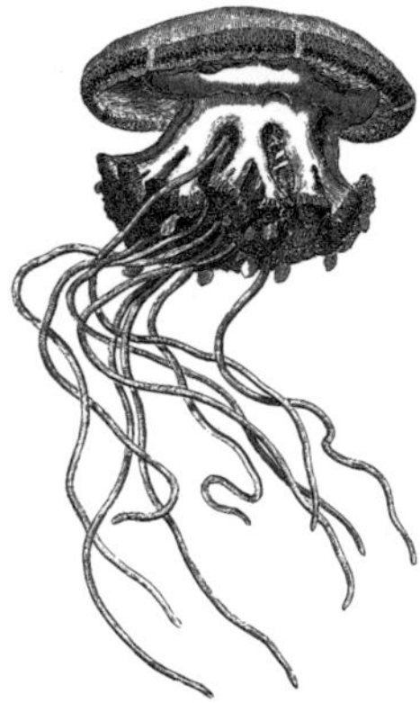

Mit den Tentakeln zucken

Korsika, 1999 | »Achtung! Danger! Attention!« Zwei Silhouetten lösen sich vom Hintergrund aus Gischt, Sonnenschirmschatten und azurnem Licht. Mit einer Holzplanke laufen die beiden Jungs um die fünfzehn entlang der Brandung, rammen das Brett immer wieder in den Sand, reißen es hoch, rennen weiter. Ich habe meine Burg gerade mit dem zweiten Eckturm aufgerüstet, die Wellen können mir nichts anhaben. Die Art, wie die beiden daran scheitern, das französische *Attention* möglichst aristokratisch auszusprechen, verrät, dass sie aus Deutschland kommen. (Selbst in heller Aufregung auf Korsika versuchen sie, diesen Tonfall hinzubekommen.) Und da kommt mir, halb verdeckt vom schäumenden Mittelmeer, tatsächlich »Danger« entgegen, genauer: eine *Pelagia noctiluca*, auch Leuchtqualle genannt. Den Namensgeber Peter Forsskål wird ihr durch Biolumineszenz hervorgerufenes Glühen so verzückt haben, dass er sich 1775 in seine Expeditionsschiffskajüte zurückzog, um über einen passenden Namen nachzudenken. Das Tier anzufassen, darauf kam er nicht. Hätte er es getan, wäre die Namensgebung wohl weit weniger schmeichelhaft ausgefallen: Die *Pelagia noctiluca* besitzt nämlich acht schnurdünne Tentakel, die bei Kontakt starke Verbrennungen verursachen.

Auch dreiundzwanzig Jahre später steht mir die Szene klar vor Augen; die Dramaturgie ist makellos: wie die Jungs ihre Schutzplanke einen Meter neben mir in den Strand stechen,

Als wären sie auf Pilgerreise: So andächtig zeigen sich 1893 vor klassischer mediterraner Kulisse die Schirmquallen in der 3. Auflage von Brehms Tierleben.

wie die Qualle daran vorbeizieht, wie sie über meinen Wall aus Sand und kindlicher Naivität gleitet und meinen linken Oberschenkel verbrennt. Noch heute sagt meine Mutter: Nie wieder habe ich jemanden so schreien gehört. Der Urlaub ist vorbei, obwohl wir noch zwei weitere Tage auf Korsika verbringen. Statt Sandburgen, die verdammt noch mal vor nichts schützen, gibt es Salben, statt Badetüchern kümmerlich eingeschwitzte Hotelbettlaken. Ich habe damals meinen Teil gelernt. Quallen zucken nicht mit Wimpern, sondern mit Tentakeln. Zugleiche sehe ich das letzte Bild vor dem Schmerz noch immer in aller Schönheit vor mir: wie der Wellenkamm bricht und dieser diaphane lilafarbene Körper erscheint. Risiko und Glamour, Gefahr und Hypnose: Es geht nicht ohne, wenn man sich diesem Tier nähert.

Das Expeditionsschiff Rurik passiert Korsika nicht. Tatsächlich hegt seine Besatzung gar kein Interesse am Mittelmeer, war sie doch zwischen 1815 und 1818 auf den Weltmeeren unterwegs, um die Nordwestpassage ausfindig zu machen, die nördlich des amerikanischen Kontinents den Atlantik mit dem Pazifik verbinden sollte. In einer Kajüte der Rurik sitzt, so pittoresk stelle ich mir das jedenfalls vor, Adelbert von Chamisso, um sich Notizen zu seiner *Reise um die Welt* zu machen. Das Werk, das der Schriftsteller und Naturforscher 1836 in Buchform herausgibt, ist vieles: Lebensbericht, völkerkundliche Studie, kolonialer Herrschaftstext – vor allem anderen aber ist es ein Dokument des Staunens.

Ab dem ausgehenden 17. Jahrhundert gewinnen die naturwissenschaftlichen Disziplinen zunehmend an Bedeutung. In den europäischen Städten werden im Laufe des 18. und besonders des 19. Jahrhunderts zahlreiche Universitäten gegründet, Schausammlungen aufgebaut und Forschungskabinette auf die Beine gestellt. Flankiert von einem aggressiven Kolonialismus breitet sich so ein Blick auf die Welt aus, der alles zum Forschungsgegenstand deklariert: die Flora und Fauna entlegener Zonen ebenso wie die dort lebenden Völker. Begleitet werden diese Unternehmungen von bisher unerhörten Forschungstätigkeiten, und im Zuge dessen sticht auch die Rurik im Juli 1815 im heutigen Sankt Petersburg in See.

Im Oktober desselben Jahres berichtet Chamisso von einem Phänomen, das der Mannschaft auf hoher See begegnet war: »Es schien im Wasser gleichsam von einem sich in einiger Tiefe entzündenden Lichte zu blitzen, und dieser Schein hatte manchmal einige Dauer. Es schien uns dieses Leuchten von Tieren (Quallen) herzurühren, bei denen eine organische Lichtentwickelung sich annehmen läßt.« Ob es sich dabei auch um Leuchtquallen gehandelt hat? Entlang der westafrikanischen Küste, an der die Rurik zum Zeitpunkt der Niederschrift unterwegs ist, ist sie jedenfalls anzutreffen. Aber die *Pelagia noctiluca* ist bei Weitem nicht die einzige unter den insgesamt gut 1500 bekannten und klassifizierten Quallenarten, deren Organismus sich der Biolumineszenz bedient, jener »kalten Phosphoreszenz lebender Dinge«, wie die Zoologin Rachel Carson es 1937 in ihrem berühmten Essay »Undersea« beschreibt. Auch die *Praya dubia* etwa, umgangssprachlich Riesenstaatsqualle genannt, lockt ihre Beute mit einem bläulichen Leuchten an, bevor diese sich in einem Vorhang aus Hunderten transparenten Tentakeln verfängt. Die Flügelrippenqualle wiederum besitzt entlang ihres Außenkörpers wimpernhafte Stränge, die

In Adelbert von Chamissos Reise um die Welt *(1836) stehen neben ethnographischen und zoologischen Berichten Abbildungen etlicher Tiere, die der Mannschaft begegnen.*

quer durchs Farbspektrum schimmern, mutmaßlich um Fressfeinde fernzuhalten.

Knapp einen Monat nach dem »sich in einiger Tiefe entzündenden Lichte« hält Chamisso fest: »Wir sahen am 19. eine Seeblase, das seltsamste vielleicht der tierischen Geschöpfe, welche die Oberfläche des Meeres bewohnen. Wir sahen nur die eine nördlich vom Äquator; in der südlichen Halbkugel wurden sie häufig.« Die Blase, von der die Rede ist, ist höchstwahrscheinlich der obere Teil der *Physalia physalis*, die gemeinhin *Portugiesische Galeere* genannt wird. Wem dieser Ausdruck noch nicht bellizistisch genug ist: Im Englischen trägt sie den Kosenamen *Floating Terror*. Von ihrem länglichen, halb durchsichtigen Körper, der an eine Boje erinnert und mit einer Gasmischung gefüllt ist, hängen angelschnurähnliche Tentakel herab, die üblicherweise eine Länge von acht bis zehn Metern erreichen und hochwirksame Gifte absondern können. Die Bewegung der Seeblase selbst ist dabei bemerkenswert fatalistisch: Je nach Ausrichtung ist der Kamm des azurnen Sacks nach links oder nach rechts geschert. Wenn der Wind die einen Exemplare also Richtung seichtes Gewässer und damit ins Verenden drückt, segeln die anderen – zur Rettung verdammt – Richtung offenes Meer.

Das Staunen, dem sich neben Adelbert von Chamisso auch viele seiner Zeitgenossen hingeben, mündet im sogenannten *sea craze*, dem Meereswahn, der im 19. Jahrhundert sowohl Wissenschaftler als auch Künstler beeinflusst. Denn während die Landflächen größtenteils vermessen sind, stehen erstmals die infrastrukturellen und technischen Mittel zur Verfügung, um die Neugierde gezielt auf andere, eben: unerforschte Gebiete zu lenken. So gerät das offene Meer samt seiner Flora und Fauna mehr und mehr in den Blick, angeleitet von einer »wissenschaftsästhetischen Regie des Geheimnisvollen«, wie es die Medienwissenschaftlerin Natascha Adamowsky ausdrückt – eine Regie, die auch heute noch am Werk ist, wenn die Qualle ins Auge gefasst wird.

Denn ihr Flair reicht weit über meereskundliche Fragen hinaus. Wie kaum ein anderes Tier der Ozeane erschließt sie eine

Zone des Imaginären, die schon ein Zeitgenosse Adelbert von Chamissos erkundet hat. Der Schriftsteller Ludwig Tieck veröffentlicht 1835 die Erzählung *Der Wassermensch*; in der Novelle findet sich eine Salongesellschaft zusammen und tauscht sich über Menschen mit außerordentlichen Schwimm- und Tauchfähigkeiten aus. An einer Stelle erinnert sich eine der Figuren an eine prägende Kindheitslektüre, an eine »Erzählung von den Wundern vom Boden des Meeres, jenen furchtbaren Felsenkammern, den entsetzlichsten Ungeheuern, den Polypen, Seeschlangen, Kraken, Sirenen, wilden Wassermännern, und was man nur will, denn hier hat die Imagination zum Erfinden freien Spielraum«. Die Flora und Fauna der Tiefsee wird hier ohne tatsächliche biologische oder geografische Kenntnis zur Weltwunderkammer stilisiert. Es gilt, deren Schätze – und sei es nur mit Worten – zu heben, sie aus ihrer physischen und psychischen Unerreichbarkeit zu hieven und in die staubtrockene bildungsbürgerliche Stube zu holen. Letztlich liefert Ludwig Tieck mit seinem *Wassermensch* eine Antwort auf die Frage, die der französische Schriftsteller Jules Verne erst 35 Jahre später in seinem Roman *20 000 Meilen unter dem Meer* stellt: »Warum sollte nicht das Meer, das sich unveränderlich gleich bleibt, in seinen unbekannten Tiefen noch solche Probestücke eines andern Zeitalters aufbewahrt haben? Warum sollte es nicht in seinem Schoß die letzten Arten dieser Riesengattungen bergen?« Es ist ein Frage-Antwort-Spiel, bei dem nur eine Regel gilt: Das Meer, besonders die sagenumwobene Tiefsee, ist der Raum, auf den sich Wünsche und Ängste der Menschen wie nie zuvor richten.

Hauben, Fäden, Röhren, Fransen und Trichter – in Meyers Konversationslexikon (6. Aufl.) trumpfen die Medusen mit ihrer ganzen Formenpracht auf.

Bevor sich in der Namensgebung eine wissenschaftliche Systematik etabliert, wird die Qualle entsprechend der antiken Quellen bis ins angehende 18. Jahrhundert unter anderem *Pulmo marino* genannt: Lunge des Meeres. Der Naturforscher Lorenz Oken findet in seinem *Lehrbuch der Naturphilosophie* (1809–1811) ein ähnlich eingängiges Bild, wenn er schreibt, sie sehe aus »wie Hirnmasse in Häute verwandelt«. Noch 2012 steht bei der Sichtung einer wenig erforschten Art in 1500 Metern Tiefe die Frage im Raum, ob es sich nicht um die Plazenta eines Wals handeln könnte. Dass die Qualle weder Lunge noch Gehirn (und auf gar keinen Fall eine Plazenta) besitzt, ist eines der vielen Schnippchen, die sie gängigen Verständniskategorien schlägt.

Die taxonomische Namensgebung wiederum ist von der griechischen Mythologie und deren typischem Splatter- und Sex-Repertoire inspiriert. Medusa, die natürlich bildhübsche Tochter der Meeresgottheiten Phorkys und Keto, wird von Athena dabei beobachtet, wie Poseidon sie in einem ihrer Tempel vergewaltigt. (In einer anderen Version der Geschichte verführt sie ihn.) Dem Opfer gilt indes die Rache: Athena verwandelt ihren Körper ins Monströse. Unter anderem wächst ihr statt Haar ein Schlangenbüschel, das Okens schwedischer Kollege Carl von Linné schließlich Mitte des 18. Jahrhunderts zum Anlass nimmt, dem Tier samt seinen Tentakeln einen neuen Namen zu geben: *Medusa*, was sich auch im Deutschen (*Meduse*) teils erhalten hat und in romanischen Sprachen nach wie vor in Gebrauch ist. Und das ist weit mehr als eine Umtaufe unter Experten, ist der assoziative Rahmen damit doch gesteckt. Die Meduse ist die vielgliedrige Gefahr, die nach der Manneskraft trachtet. Wer ihr ohne Vorsicht begegnet, wird vergiftet, verwundet, terrorisiert, denn: »*Immer* wo Mannheiten von Sümpfen, Schlamm, Schleimen, Breien, Schlick und Scheiße phantasieren, die sie zu ›verschlingen‹ drohen«, schreibt Klaus Theweleit, »reden sie von Gefahren, die vom weiblichen Körper ausgehen.« Der berüchtigte Volksmund zehrte in einigen Regionen Italiens noch lange von diesem Symbolfeld und sprach von der *Potta marina*, der *Fotze des Meeres*.

Knapp hundert Jahre nach Linné stellt der französische Historiker Jules Michelet in seinem Erfolgsbuch *Das Meer* 1861 einigermaßen pikiert die Frage: »Weshalb dieser schreckliche Name für ein so reizendes Geschöpf?« Na ja, würde ich ihm am liebsten antworten, am besten warten Sie noch ein paar Jahrzehnte ab, bis Sigmund Freud seinen psychoanalytischen Aufsatz zum *Medusenhaupt* (1922) schreibt, der erst 1940 posthum erscheint. Dann leuchtet Ihnen eventuell stärker ein, wieso ein Tier, das man nicht so recht versteht, nach einem Mythos benannt wird, der dazu dient, Verhaltensweisen zu beschreiben, die man auch nicht so recht versteht: »Kopfabschneiden = Kastrieren. Der Schreck der Meduse ist also Kastrationsschreck, der an einen Anblick geknüpft ist. Aus zahlreichen Analysen kennen wir diesen Anlass, er ergibt sich, wenn der Knabe, der bisher nicht an die Drohung glauben wollte, ein weibliches Genitale erblickt. Wahrscheinlich ein erwachsenes, von Haaren umsäumtes, im Grunde das der Mutter.«

Im Jahr der Veröffentlichung von Freuds Text steigert sich denn auch der Dichter Paul Valéry in einer Notiz bis zur Ekstase, um die Meduse zur wollüstigen Lockung zu stilisieren: »Das Bedürfnis der Prostitution« habe keine menschliche Tänzerin

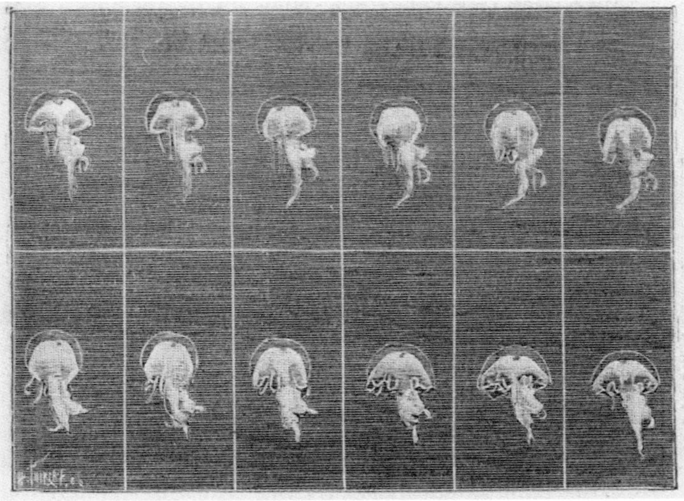

In Le mouvement *(1894) lichtet der Fotopionier Étienne-Jules Marey auch eine Qualle ab, um so deren fließende Bewegung in Einzelbilder zu zerlegen.*

jemals so »hinreißend« auszudrücken gewusst »wie jene große Meduse, die mit stoßweisen, gleitenden Bewegungen ihre flutenden, üppig gesäumten Röcke, die sie seltsam herausfordernd und unkeusch immer wieder hochnimmt, zum Traum aus den Reichen des Eros sich wandelt –: um plötzlich, all die flatternden Falbeln, ihre Gewänder aus zerschnittenen Lippen weit zurückschlagend, umzustürzen und sich zur Schau zu stellen, fürchterlich offen.«

Dabei ist 1940, als Paul Valéry seine Notiz verfasst, längst ausreichend viel über das Tier bekannt, um sein Phantasma von der Qualle als weiblichem Dämon zu hinterfragen. Viele Quallenarten sind getrenntgeschlechtlich, das heißt: Eine Meduse kann weibliche oder männliche Fortpflanzungsorgane besitzen und produziert Ei- oder Samenzellen, die zur Befruchtung ins Wasser abgelassen werden. Rippenquallen sind bis auf wenige Ausnahmen zwittrig, besitzen also sowohl weibliche wie auch männliche Keimdrüsen, die im Rahmen des sequenziellen Hermaphrodismus zu unterschiedlichen Zeiten zur Reifung gelangen.

In Bezug auf die Fortpflanzung gelten jedoch wie immer die AGBs der Quallenforschung: Wenig ist gesichert, vieles ist ungeklärt. Insgesamt steht die Wissenschaft auch heute noch vor kleinen und großen Fragen. Aus welchem Grund etwa treten bestimmte Arten bis zu zweimal täglich die vertikale Reise in oberflächennahe Gefilde an? Zehren sie dort vom Zooplankton und ziehen sich dann in die Tiefe zurück, an Orte, die so kalt sind, dass ihr Stoffwechsel dort weniger Energie verbraucht? Unter welchen Bedingungen treten Quallenblüten auf, bei denen hohe Zahlen an Medusen an einzelnen Meeresstrichen beobachtet werden? Inwiefern beeinflussen Wetter- und Sonnenphänomene Blüten, die so schnell kollabieren können, wie sie entstehen? Unterliegen sie zyklischen Bewegungen, die auch deswegen nicht überblickt werden, weil die Wissenschaft sich erst seit einigen Jahrzehnten wieder verstärkt mit Quallen beschäftigt und nicht über die nötigen systematischen Langzeitdaten verfügt?

Diese lange Nichtbeachtung liegt sicherlich auch daran, dass die Tiere bei vielen Menschen eine Abneigung, eine Distanznahme hervorrufen. »Niemand mag Quallen, vielleicht Quallenforscher, aber niemand mag Quallen, der noch alle Tassen im Schrank hat. So, gleich wieder da.« So zumindest drückt es der Erzähler in Christopher Eckers Geschichte *Nashorn, Wombat und Qualle* aus, der sich nach einem Trinkabend mit Kollegen im Gartenhaus verschanzt und eine Kindheitserinnerung aufschreibt, die uns später noch heimsuchen wird. Für den Anfang soll seine Stichelei ausreichen, die er bloß unterbricht, um weitere Biere zu holen. Sie trifft in der Tat einen wunden Punkt. Schon 1807 stellt der französische Zoologe François Péron Mutmaßungen darüber an, wieso der Qualle bis dahin so wenig wissenschaftliche Aufmerksamkeit zuteilgeworden ist. Der Hauptgrund sei der ›Degout‹, den diese Tiere ihm zufolge hervorrufen: Sie besäßen »bizarre Formen, die unbeständig sind, die sich darüber hinaus schwierig beschreiben, zeichnen und konservieren lassen; Farben, die größtenteils glanzlos, obskur und unangenehm sind; eine wabbelige, zähflüssige Substanz, die bei Berührung Ekel verursacht; ein schaler, gar widerlicher Geruch; dann bei einigen Arten beißende und ätzende Flüssigkeiten; schließlich bei allen Arten eine rasche und nahezu augenblickliche Zersetzung«.

Seinen ›Degout‹ lässt Péron hinter sich, und im Laufe des 19. Jahrhunderts und beginnenden 20. Jahrhunderts folgen zahlreiche weitere Forscher, die sich dem Tier zuwenden, darunter der Deutsche Ernst Haeckel sowie der Amerikaner Alfred Goldsborough Mayer. Im Zuge des Ersten Weltkriegs flacht das Interesse dann ab, um ab den 1970er-Jahren allmählich wieder Fahrt aufzunehmen. Dahinter mag ein steigendes ökologisches Bewusstsein in den westlichen Ländern stecken. Es ist aber auch schlichtweg eine Frage der politischen Ressourcen. Der Jellyfish Act, der 1966 vom US-amerikanischen Kon-

Was haben wir denn hier? Auf dem Expeditionsschiff H. M. S. Challenger begutachten modisch gekleidete Forscher ihren Quallenfang, Gravur von 1885.

gress verabschiedet wird, kann in dieser Hinsicht als ein Initiationsmoment gelten. Das Gesetz hat eine wirtschaftliche Ausrichtung, nämlich die »Fisch- und Schalentier-Bestände zu erhalten und zu schützen« sowie »seebezogene Freizeitangebote für diese und folgende Generationen zu fördern und abzusichern«. Hierfür gibt der Kongress Gelder frei, mit dem Ziel einer »Kontrolle oder Elimination von Quallen und ähnlichen Plagen in den Küstengewässern der USA«. Seltsamerweise steht am Anfang der geradezu zärtlichen Aufmerksamkeit für die Qualle, die sowohl die Meeresbiologie wie auch die Populärkultur gegenwärtig aufbringen, deren Gegenteil: die aggressive Entfernung der Tiere aus Arealen, in denen sie lediglich als Störenfriede wahrgenommen werden.

Um Ludwig Tiecks oben angesprochenes Und-was-man-nur-will soll es im Folgenden gehen. Denn die Qualle, deren älteste fossile Spuren mehr als 585 Millionen Jahre zurückreichen und die damit Jules Vernes Zeitrechenspiel ziemlich alt aussehen lässt, übersteigt zuverlässig unsere Vorstellungen. An ihrem formlosen Körper muss jede strenge Grenzziehung scheitern – und damit auch jedes Versprechen einer steifen Ordnung, um im freudschen Jargon zu bleiben. Die Domäne dieses unergründlich alten, zugleich überraschend jungen Tieres reicht von der direkten Gezeitenzone, dem sogenannten Litoral, über die küstennahe Kontinentalschelfzone, deren Böden den Polypen Halt bieten, hin zum Pleuston, der Wasseroberfläche des offenen Meeres, schließlich hinab in die tiefsten, kaum erforschten Bereiche, etwa in das Bathypelagial und das Abyssopelagial. Wer ihm auf seinem Schwebeweg folgt, bekommt Einblicke sowohl in die früheste Erdgeschichte als auch in eine Zukunft, die es gilt, »offen zu halten«, wie die Philologin Eva Horn schreibt: »Offen für gänzlich andere Gefüge von Landschaften, Wirtschaftsweisen, Klimata, Menschen und Tieren; offen auch für Lebensformen, die ganz anders sind, als es die geläufige Vorstellung von der ewigen Wachstumsgesellschaft suggeriert.«

Aber wie könnte eine solch selbstkritische Neugierde aussehen? Ein Begegnungswille, der anerkennt, nicht alles und alle in den Dienst eines kapitalistischen, auch kolonialistischen Wissens stellen zu können? Vielleicht so: Das Expeditionsschiff Nautilus operiert regelmäßig mit einem Tauchroboter, einem sogenannten ROV (Remote Operated Vehicle), um die Tiefsee zu erkunden. Seine Trips dokumentiert das Forschungsteam in Videos, in denen die Untersee-Aufnahmen kommentiert werden. Als sie in einer Tiefe von knapp 800 Metern auf ein Exemplar der kaum erforschten *Deepstaria enigmatica* stoßen, ist das Erstaunen groß. (Es ist jene Art, die an anderer Stelle mal kurz als Walplazenta gehandelt wurde.) Wie ein Kind, das sich ein Laken übergeworfen hat, um die Ahnungslosen im Halbdunkel zu erschrecken, so gerät das Tier ins Bild, ein trüber Beutel, eine Gestalt am Rande der Einsicht. Das ROV nähert sich der Qualle, schon verformt sie sich auf psychedelische Weise: Sie beult sich aus und faltet sich ein, gewinnt hier an beigem Glanz und wird dort rosig, nahezu durchsichtig. Es ist ein Augenblick des Entgleitens, weil dieser Körper irgendwo dort unten Formen annimmt, die jeder Stabilität, in der wir uns eingerichtet haben, Hohn sprechen. »What is it thinking?« Diese zugegebenermaßen etwas tappige Frage stellt einer der Forscher in Anbetracht der Live-Aufnahmen. Es folgt eine Pause, eine Spanne von drei, vier Sekunden der stillen Überforderung, in denen selbst den Wissenschaftlern mit ihren vielen langen Worten nichts einfällt, während sich dieses Bettlaken von einem Tier auseinanderwölbt und ineinanderschlingt. Dann stellt eine Kollegin die einzig richtige Gegenfrage: »What are we thinking?«

Ja, was denken wir uns? Vor allem und zuallererst jedoch: Wer ist dieses ›Wir‹, das auch ich ganz selbstverständlich benutze? Ein ›Wir‹ aus Europa begegnet der Qualle aller Voraussicht und Erfahrung nach anders als ein ›Wir‹ in Süd- und Ostasien, in Australien oder in Südamerika. Ist sie an den Stränden des Mittelmeeres ein touristisches Ärgernis, stellt sie in den Museen und Universitäten europäischer Länder ein schickes Kuriosum dar. So oder so »bist du ein Abenteuer, das roh in den Alltag verschleppt ward«, wie es in Hugo Balls Gedicht *Die weiße Qualle* heißt. In anderen Ländern und Kulturen hingegen war und ist das Tier besagter Alltag. Aristoteles etwa gibt gut 350 Jahre vor Christus in seiner Schrift *Historia animalium* kulinarische Hinweise an die Hand, Quallen eher im Winter denn im Sommer zu essen – dann sei ihr Fleisch fester. In asiatischen Küstenregionen werden sie nachweislich seit mehr als 1700 Jahren verzehrt und in medizinischen Kontexten eingesetzt; dementsprechend werden sie dort seit Langem in großem Stil gefangen. In bestimmten Gegenden der USA entwickelt sich diese spezialisierte Industrie seit einigen Jahren zu einem immer ertragreicheren Wirtschaftszweig.

Ein solcher Alltag mag auch dabei helfen, der Faszination, der auch dieses Buch immer wieder erliegen wird, ein wenig von ihrer ehrfürchtigen Wirkung zu nehmen. Anders gesagt: Vielleicht gelingt es ja, der Qualle nicht jedes Mal mit einem Ooh! oder Iih! zu begegnen, sondern ruhig zu bleiben ange-

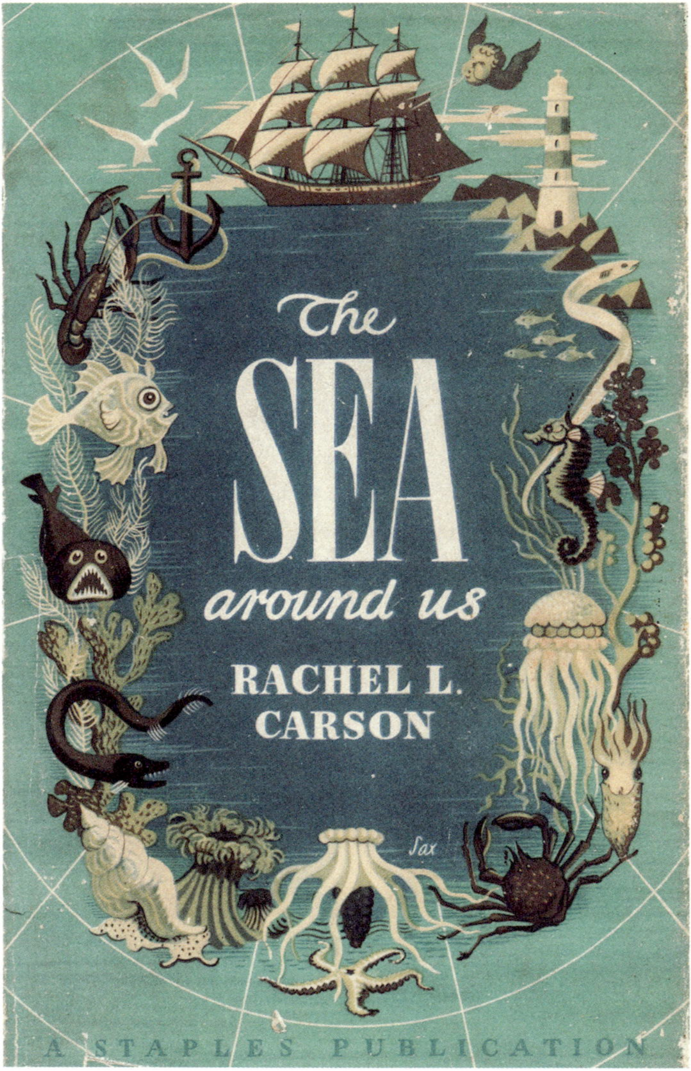

Ihr Buch The sea around us *(1951) wird rasch zu einem Klassiker der Umweltbewegung und macht Rachel Carson zur Ikone im Kampf für den Natur- und Tierschutz.*

sichts ihrer. Denn sie wird im medialen, ökologischen und wirtschaftlichen Bereich an Terrain gewinnen und vermehrt durch die Diskurse flottieren, als Alarmsignal, Störfaktor und Reizkörper. Folgen wir ihr ein wenig auf ihren Wegen, im bescheidenen Wissen, dass es bloße Tentakelzuckungen sein werden in der langen Existenz dieser Tiere.

Ein PS gleich zu Beginn: Ein wenig zu einfach habe ich es mir schon jetzt gemacht. Denn eigentlich sind weder die *Physalia physalis* noch die *Praya dubia* Quallen im umgangssprachlichen Sinn. Beide Arten gehören der Ordnung der Siphonophoren an, deren jeweiliger Organismus aus zahlreichen Einzelwesen besteht, aus stockbildenden Sub-Units sozusagen. Sie sind für sich genommen nicht überlebensfähig und übernehmen jeweils spezifische Funktionen, von der Wahrnehmung über die Mobilität und die Reproduktion hin zum Nahrungsfang und der Verdauung. Das ist nur eines von vielen Beispielen dafür, wie der populäre, aber taxonomisch wertlose Begriff der Qualle der nach wie vor unübersichtlichen Sachlage nicht gerecht wird. Die Klasse, die wohl am ehesten dem verbreiteten Verständnis von Quallen entspricht, ist die der Scyphozoa, benannt nach dem griechischen Wort *skyphos* für ein Trinkgefäß. Aber auch etliche Arten der Klasse Hydrozoa bedienen das Stereotyp: Glibber, der sticht. Dazu gesellt sich die Klasse Cubozoa, zu denen die hochgiftigen Würfelquallen zählen. Wie jede der genannten Arten gehören sie zum Stamm Cnidaria, der alle aquatischen Tiere mit Nesselzellen gruppiert. Aber es gibt auch Tiere, die als Qualle identifiziert werden, obwohl sie dem Stamm Ctenophora zugerechnet werden: die Rippenquallen, die von

Natur aus keine Nesselzellen besitzen, wohl aber sogenannte Kleptocniden ausbilden können, wenn sie ihre Cnidaria-Kompagnons verspeisen. Sie paralysieren ihre Beute nicht mit Nesselgift, sondern immobilisieren sie mittels Klebesekreten.

Kurzum: »There's no such thing as a jellyfish«, wie es das kalifornische Monterey Bay Research Institute, weltweit eines der angesehensten Zentren der Quallenforschung, resümiert. Einer der Mitarbeiter, der Marinebiologe Steven H. D. Haddock, arbeitet lieber mit dem Begriff der Gelata, um die Gallerttiere, das heißt: alle schalenlosen Organismen, zusammenzufassen, die als gelatinöses Zooplankton in den Ozeanen leben. Zu dieser Gruppe zählen auch alle Tiere, die ›wir‹ gemeinhin ›Qualle‹ nennen.

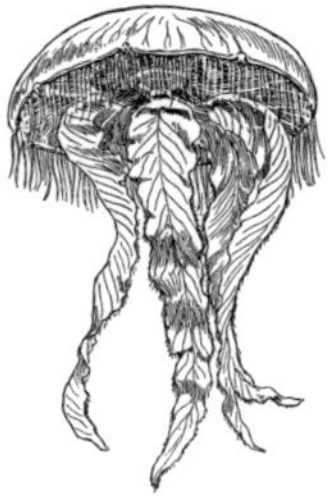

Transozeanische Links

Valentia Island, 1899 | Maude Delap ist auf Quallenlese. Die 32-Jährige sucht die Strände rund um den Valentia Harbour ab und findet das beschädigte Exemplar einer Kompassqualle. An Land ist das Tier mit einem Durchmesser von 15 bis 25 Zentimetern weit weniger eindrücklich als zu Wasser. Besonders die geometrische Maserung auf der Schirmoberseite, die an gleichschenklige (isoscele) Dreiecke erinnert und der Art ihren Namen gibt (*Chrysaora isosceles*), dürfte bis zur Unkenntlichkeit verzogen sein, als Delap das Exemplar entdeckt. Auch die vierundzwanzig Tentakel werden wohl verknotet und verheddert sein, sofern sie nicht bereits durch die nordatlantische Brandung abgerissen wurden. Trotzdem lohnt es sich, genauer hinzuschauen: sowohl auf das Tier als auch auf den Menschen, der das Tier in Händen hält.

Maude Delap wird 1866 als siebtes von insgesamt zehn Kindern in der irischen Grafschaft Donegal geboren. Als ihr Vater Alexander Delap 1874 eine Stelle als Pfarrer annimmt, zieht die Familie auf Valentia Island, eine elf Kilometer lange und drei Kilometer breite Insel im äußersten Südwesten Irlands. Während Delaps vier Brüder eine vollumfängliche Erziehung erhalten, werden die sechs Schwestern nach der Grundschule zu Hause unterrichtet. Alexander Delap ist nun einmal in jeder Hinsicht ein Mann seiner Zeit. Neben dem Pfarramt forscht er in seiner Freizeit als Laienbiologe, korrespondiert unter an-

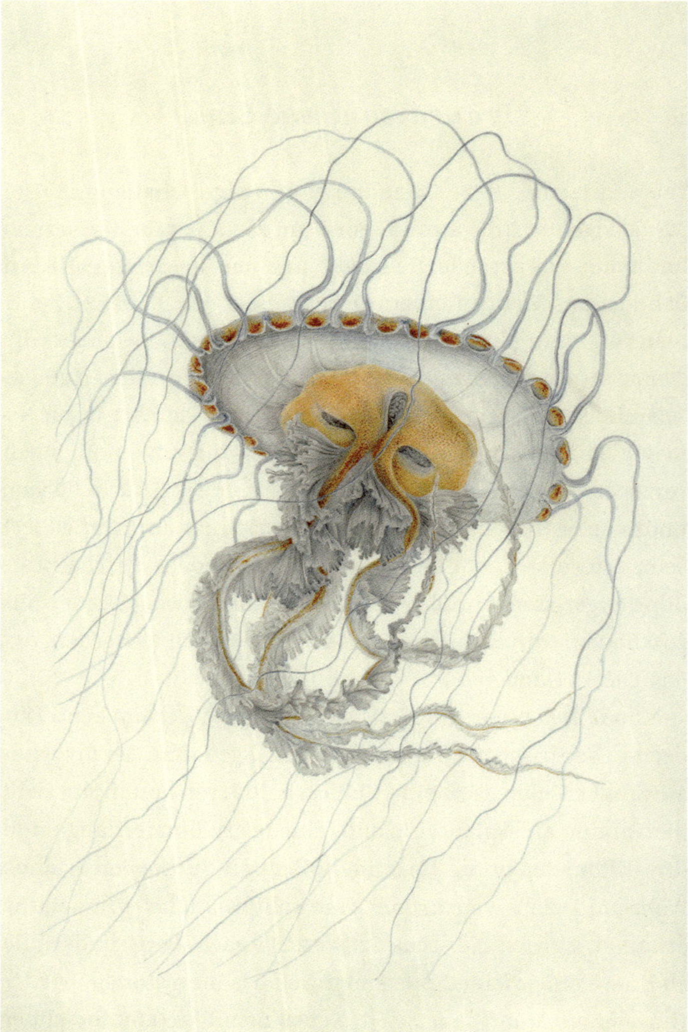

Der Naturforscher Charles-Alexandre Lesueur (1778–1846) hat zahlreiche Aquarelle angefertigt, u. a. dieses Portrait einer Qualle der Gattung Chrysaora.

derem mit dem Natural History Museum in Dublin und trägt so im Kleinen zur Vermehrung des Wissens bei. Auf diesem autodidaktischen Weg folgt ihm seine Tochter Maude, als sie ab den 1890er-Jahren in einem Laborraum, der in der Familie schlicht das *Department* genannt wird, ihren botanischen und meeresbiologischen Studien nachgeht. Dort habe, erinnert sich ihr Neffe Paul Delap, ein »heldenmütiges Durcheinander an Büchern, Präparaten, Aquarien« geherrscht, überlagert von »einem allgegenwärtigen Geruch von Ebbewasser«. Regelmäßig rudert sie die Küste ab und stülpt sich einen trichterförmigen Guckkasten über den Kopf, um ihre Beobachtungen auch unterhalb der Wasseroberfläche fortzuführen.

In einem 1901 veröffentlichten Aufsatz wird Delap die Art, die sie nahe des Valentia Harbour findet, *Chrysaora isosceles* nennen, auch wenn die Variante *Chrysaora hysoscella*, die Carl von Linné erstmals 1767 benutzt, etablierter ist. Diese Kompassqualle ist im gesamten Mittelmeer und den atlantischen Gewässern von Portugal über Großbritannien bis hinein in die Nord- und Ostsee heimisch. Doch egal, ob nun *isosceles* oder *hysoscella*: Am 21. Juni 1899 nimmt Delap das verwundete Tier mit ins *Department* und bringt es in einem Aquarium unter – »for examination«, wie sie später in *The Irish Naturalist* schreibt. Ihre Ausführungen in der Fachzeitschrift gewähren einen für den damaligen Wissensstand seltenen Einblick in die Lebenszyklen nicht nur dieser Art. Die sich frei bewegende Meduse ist nämlich in vielen Fällen nur das letzte Stadium innerhalb eines Kreislaufs: Erwachsene Exemplare sondern Eizellen beziehungsweise Spermien ab. Erstere wandeln sich nach der Befruchtung zu staubkornkleinen Teilchen, den sogenannten

Planula-Larven. Aus ihnen entwickeln sich die Polypen, die sich mithilfe von klebrigen Sekreten an einem festen Grund im Meer oder wie bei Delap an den Wänden eines Aquariums festsetzen. Die Polypen der *Chrysaora hysoscella* konnten bis heute nur unter Laborbedingungen untersucht werden; in der sagenumwobenen freien Wildbahn harren die teils millimeterkleinen Saugstränge, die sich im Allgemeinen an Gestein, Muscheln sowie an den Fundamenten von Bohrinseln, Molen und Windrädern, sogar an Hartplastikteilen festsetzen, nicht nur dieser Art nach wie vor der Entdeckung. Während des benthischen, das heißt: bodenlebenden Stadiums haben die Polypen die Form eines Trichterschlunds samt kleinen Tentakeln, bis sie – teils erst nach Jahren – durch asexuelle Vermehrung einzelne ihrer Körpersegmente abschnüren. Während der sogenannten Strobilation werden die Jungquallen, Ephyren genannt, Scheibe um Scheibe freigesetzt. Diese wachsen schließlich zu Medusen heran, die sich wiederum geschlechtlich fortpflanzen. Daneben gibt es einige Arten, die entgegen der Regel – so der jetzige Kenntnisstand – nur das Stadium der Meduse oder des Polypen durchleben.

Maude Delap führt ihre Zuchtstudien in den Folgejahren fort, unter anderem mit den an den atlantischen Küsten Europas weitverbreiteten Ohrenquallen (*Aurelia aurita*). Über zwei dieser Exemplare, die sie in ihren Aquarien hält, notiert sie in einem Aufsatz im *Report on the Sea and Inland Fisheries of Ireland*: »Ein Warmwetterschub und spärliches Futter waren bald zu viel für beide, und sie mussten am 18. Juli in Formalin transferiert werden.« Darüber, ob und wie sich Quallen überhaupt konservieren lassen, wird noch so manches Interessantes (und

Unerfolgreiches) zu sagen sein. An dieser Stelle begnügen wir uns mit dem Euphemismus »in Formalin transferieren«, der den Tod der Quallen bezeichnet und zugleich ihr Fortbestehen mitmeint.

Als Delap 1899 die Kompassqualle im Hafen von Valentia findet, steht sie bereits seit Jahren in fachlichem Austausch mit dem Biologen Edward T. Browne vom University College London. 1895 war er gemeinsam mit einer achtköpfigen Forschergruppe angereist, um eine breit angelegte Studie über die Fauna und Flora der Gegend durchzuführen. Da irische Inseln allem Anschein nach schon damals von Rosamunde-Pilcher-Gesetzen regiert wurden, verliebt sich Maude Delap in den Hauptstadtforscher auf Expedition. Gemeinsam mit ihrer Schwester Constance Delap assistiert sie ihm vor Ort. Sie notieren Temperatur- und Windschwankungen, fahren mit sogenannten Planktonnetzen die Küste ab, um Proben zu sammeln, und helfen bei der Einordnung und Bestimmung der gefundenen Spezies. »The Misses Delap« hier, »the Misses Delap« dort: Maude und Constance wird in späteren Publikationen mit der Regelmäßigkeit vom Wellengang für ihre Unterstützung gedankt. Ohne die Feldstudienarbeiten der »Misses« und ihre Zusendungen auch über die vorgesehene Zeitspanne hinaus wäre die Studie, die 1900 erscheint, sicherlich nicht so fundiert ausgefallen. Es ist sogar gut möglich, dass einige der Proben und Präparate, die in der Royal Irish Academy heute unter Brownes Namen gelistet sind, von Maude Delap stammen. Auch wenn die Forschergruppe 1896 abreist, bleiben Browne und Delap bis in die 1930er-Jahre in fachlich intensivem, aber stets höflich distanziertem Kontakt. Delaps Zuneigung bleibt zeitlebens unerwidert; 1909 heiratet Browne Margaret Robinson, eine Kollegin, die er seit den gemeinsamen Studienjahren in London kennt.

Der Respekt, den Delap in ihrer Disziplin genießt, zeigt sich kurz nach der Jahrhundertwende. Ihr wird 1906 ein Posten am Marine Biological Laboratory in Plymouth im Südwesten Englands angeboten. Aber Alexander Delap verbietet seiner 40-jährigen Tochter, die Stelle anzunehmen: »Keine meiner Töchter«, soll er gesagt haben, »wird dieses Haus verlassen, es sei denn als verheiratete Frau.« Kein Mann, keine Heirat, kein Auszug aus dem Haus, keine Arbeit in Plymouth, keine professionelle Eigenständigkeit. Während Maude Delap also nicht weggeht und sich vor Ort weiterhin ihren Studien widmet, vergeht auf Valentia Island vor allem eins: die Zeit. Jedes Jahr schickt sie Browne zum Geburtstag Veilchen. Erst im Jahr 1937, als er stirbt, hört sie auf zu pflücken. »Ich war in Bezug auf seine Forschungen ohne jeden Nutzen für ihn«, wird Delap die Beziehung später gegenüber ihrem Großneffen nüchtern bilanzieren.

1866, dem Jahr von Maude Delaps Geburt, ist für Valentia Island aus einem weiteren Grund ein besonderes Jahr. Ende Juli wird an der Westküste ein Kabel an Land gezogen und an die Telegrafenstation angeschlossen. Jede telegrafische Botschaft vom und zum amerikanischen Kontinent passiert nun den Knotenpunkt der Valentia Cable Station – dadurch sind Europa und Amerika erstmals dauerhaft telekommunikativ miteinander verbunden. Aber ist dies nicht eher eine nachrichtliche Randbemerkung, die unter *fait divers* laufen sollte? Oder doch eine technikhistorische Konstellation, die auf verschlungene Weise die Quallen ins Spiel bringt?

In ihren Illustrationen greift die Zeichnerin und Malerin Ilna Ewers-Wunderwald (1875–1957) auf das gesamte Repertoire des Jugendstils zurück.

Vielleicht hilft an dieser Stelle der Vorname von Sylvia Plaths Mutter am ehesten weiter: Aurelia. Privat habe es immer wieder Späße darüber gegeben, schreibt der Publizist Carl Rollyson, dass der Name der Mutter identisch sei mit der Gattungsbezeichnung für die Ohrenqualle. Die Tochter verarbeitet diesen Umstand 1962, knapp hundert Jahre nach der Indienstnahme des Telegrafenkabels auf Valentia Island, in einem ihrer berühmtesten Gedichte. *Medusa* ist eine meereskundlich informierte Abrechnung mit einer Mutterfigur, die wie die lyrische Fortführung der transatlantischen Ingenieursleistung wirkt:

Ich habe dich nicht angerufen.
Ich habe dich doch überhaupt nicht angerufen.
Trotzalledem, trotzalledem
Kamst du mir angedampft übers Meer,
Fett und rot, eine Plazenta,
Um die drauflos Liebenden zu lähmen.

Die 29-jährige Plath lebt zur Zeit der Niederschrift in Devon im Südwesten Englands; Aurelia Plath sitzt auf der anderen Atlantikseite im neuenglischen Boston. Distanz und Nähe, Fürsorge und Freiheit: Die Beziehung der beiden Frauen ist zeitlebens geprägt von Anschuldigungen, Unsicherheiten und Erwartungen, denen beide Seiten nicht Genüge leisten können.

Meine Seele spult sich dir zu,
Alter seepockiger Nabel, atlantisches Kabel,
Das hält sich, wie es scheint, im Zustand wundertätiger
Selbsterhaltung.

Die Verse, die Sylvia Plath im Herbst 1962 verfasst, sind auch, aber nicht nur biografisch zu lesen, sind die Küste und das Meer für die Lyrikerin und Romancière doch immer schon prägend gewesen. Am 11. Mai 1958 notiert sie (passenderweise nach einem Telefonat mit ihrer Mutter) in ihrem Tagebuch, wie wichtig das Meer als Bezugsrahmen ihrer Dichtung sei: »Oh, auf mich allein gestellt, was für eine Dichterin wird sich aus mir schinden. Zu Beginn werde ich es mir zur Aufgabe machen, über magische Objekte zu schreiben: Bärtige Meereskörper – damit werde ich also beginnen und vordringen in die Abgründe meines tief versunkenen Kopfes.« Hatten wir vorhin Ludwig Tieck und Jules Verne mit ihren Texten zusammenfinden lassen, so gefällt mir die Vorstellung, bei dieser Gelegenheit Maude Delap und Sylvia Plath ein Treffen zuzugestehen: wie die Autodidaktin ihren Kopf in den Atlantik steckt, eingepfercht in ihren Guckkasten, wie sie sich neugierig umschaut und in den Freiheiten des Meeres auf den »tief versunkenen Kopf« der Dichterin stößt, in poetischer Verwandlung begriffen: »Wie die Dinge liegen, bin ich wässrig, ich kräusel mich, von einem Augenblick auf den andern löse ich mich in meine anderen Ichs auf.« So treffend wie Margaret Atwood die literarische Metamorphose beschrieben hat, könnte es vonstattengehen: Die Blicke von Delap und Plath träfen sich, verwundert über die Nähe, zugleich bestärkt, in ihren jeweiligen Vorhaben voranzuschreiten.

Für Sylvia Plath, die an Depressionen leidet, heißt ein solches Voranschreiten freilich auch, mit ihrer Krankheit zu leben, wovon ihr Gedicht *Medusa* als ein Dokument der Verletzung und Verzweiflung zeugt. Die Mutterfigur wird degradiert, vom

Mensch zum Tier, vom Mensch zum Mythos. Bezüge greifen in Richtung Mutterschaft, Religion und Sexualität aus. Eine starke Körperlichkeit prägt die Bilder, deren Zentrum der Quallenleib ist.

Blauäugig wie Eunuchen, zischen deine Wünsche
Auf meine Sünden herab.
Fort, fort, aalige Tentakel!
Zwischen uns ist nichts.

Nichts verbindet beide. Oder ist das genaue Gegenteil gemeint? Zwischen Mutter und Tochter passt nichts, kein Blatt Papier und kein Zentimeter Abstand, so nah sind sie sich. Die Qualle hebt die Distanzen auf, sie ist der Link zwischen Kontinenten, Familien und Zeiten. Plötzlich ist sie da, im Sichtfeld, an der Haut als ein Körper aus Nesseln, der sich ungebeten anschmiegt: »Von weißen Stangen gewälzte Augen, / Ohren, die säumen des Ozeans Weitläufigkeiten«.

Ein Eindringling, der eine intensive Nähe schafft – die Verse aus dem Gedicht *vage Aussichten* der Schriftstellerin Marion Poschmann schließen nahtlos an Plaths Charakterisierung der Qualle an:

du hast mir Quallen, hast mir Bullaugen gegeben,
zwei runde Fenster in das unscheinbare Meer.
zu nah, daher zu fern. zu dicht. zu viel. zu sehr.
zu transparent. ich nahm nicht wahr, wie direkt neben

mir dieses Meer begann. ich sah die Qualle schweben,
sah ihren Körper kaum, ein blasser Sack, nicht mehr
erkennbar als ein Ding des Wassers

Für den australischen Dichter Les Murray weist sich das Tier demgegenüber vor allem durch seinen Sound aus. Ein Schmatzen eröffnet sein kurzes titelloses Gedicht:

Glob- Glob- Glob- Globus
umgestülpte weiche Glasschalen
über ulkigen Euter- und Zitzenbatzen
unter der Oberfläche der Sonne.

Die Qualle im Gedicht, das Gedicht als Qualle – auch hierzu hat der Protagonist aus Christopher Eckers Erzählung, der nach wie vor betrunken in seiner Gartenlaube hockt, eine Meinung: »Gedichte sind wie Quallen. Schleimige, nasse, blasphemische Gebilde sind sie, die sich mit ihren Fangarmen im Haar des Lesers verheddern – und klatsch!« Es gibt sie jedenfalls in bemerkenswerter Anzahl, Quallengedichte – von Dana Ranga über Monika Rinck und Jan Wagner hin zu Kathleen Jamie haben sich zahlreiche Dichter dem Tier zugewendet. Alle stellen sie auf je eigene Weise Fragen danach, wie sich ein Tier (als Text) formen lässt und wie mithilfe eines Textes (über ein Tier) die Wahrnehmung geschärft werden kann.

In seinem Vierzeiler spielt Les Murray darauf an, dass die Qualle ein weltumspannendes Wesen ist. Deren glob-glob-globale Reichweite hat uns von Sylvia zu Aurelia Plath geführt, von der europäischen Atlantikküste an die Ostküste der USA. Folgen wir der eingeschlagenen Route doch weiter nach Westen, Richtung Sonnenuntergang, Richtung Pazifik.

In *Sphere* (1998), der Hollywood-Verfilmung von Michael Crichtons gleichnamigem Roman, tritt das Militär auf den Plan, als ein außerirdisches Raumschiff auf dem Grund des

Pazifiks entdeckt wird. Die Alien-Kapsel ist nach Jahrhunderten des Tiefsee-Schlummers aufgespürt worden. Ein Schiff, das zwischen Sydney und Honolulu ein transpazifisches Faseroptik-Kabel verlegt, musste seine Mission abbrechen, weil die Leitung am Meeresboden durch das scharfkantige Heck des Raumschiffes durchtrennt worden war. Daraufhin wird eine Aufklärungscrew in ein Habitat in der Tiefsee geschickt, betreut unter anderem von einer Soldatin, die von der Musikerin Queen Latifah gemimt wird. Als sie allein zu einem Außeneinsatz aufbricht, umwogen sie Quallen, die wie aus dem Nichts auftauchen. Zuerst herrscht das gängige Staunen vor, dem sich die Figur in ihrem Schutzanzug hingibt: »Wow, es ist so schön hier unten! So ruhig!«

Für die Szene werden sowohl Quallen-Modelle aus Silikon und Plastik hergestellt als auch Exemplare digital montiert. Hinzu kommen Aufnahmen, die im nahe des Filmsets gelegenen Monterey Bay Aquarium entstehen. Alles – natürliche, mechanische und digitale Ressourcen – wird aufgeboten, um dieses Tier, das sich einer adäquaten Darstellung so scheu wie stur entzieht, möglichst lebendig wiederzugeben.

Die derart zur Schau gestellte Eintracht zwischen Mensch und Tier hält jedoch nicht lange an. Ohne ersichtlichen Grund beginnen die Quallen, die Soldatin anzugreifen. Kein friedlicher Schwarm, keine blühende Harmonie – stattdessen eine Terrorhorde: »Kommen Sie zurück ins Habitat! *Oh nein, oh nein! Sie sind in meinem Anzug!* Bleiben Sie in Bewegung, bleiben Sie ja in Bewegung!« Damit die Tiere dabei wie Aggressoren wirken, werden einzelne Aufnahmen in bis zu fünffacher Geschwindigkeit abgespielt. Denn das für gewöhnlich gemäch-

Der Tag der Entdeckung: Im Juli 1989 wird die Art Chrysaora achlyos *erstmals nahe der mexikanischen Islas Coronados gesichtet und eindringlich begutachtet.*

liche Pulsieren eignet sich gar nicht für eine zielgerichtete Attacke. Etliche Arten lassen sich schlichtweg von der Strömung mittragen und korrigieren ihren Kurs, wenn überhaupt, nur geringfügig. Auch die Darstellung als Gruppe, die einer kollektiven Tötungslogik folgt, mag dramaturgisch Sinn ergeben, aber in Bezug auf ihr Verhalten ist das reißerischer Humbug. Grundsätzlich ernähren sich Quallen von Zooplankton, also von im Wasser frei schwebenden marinen Organismen wie Wasserflöhen, Radiolarien, Kleinkrebsen und Fischlarven sowie -eiern, aber auch von anderen Quallen, die sich in ihren Nesselvorhängen verheddern, die sie fangen oder auf die sie auf ihren Schwebewegen stoßen, dann paralysieren und über die Mundarme, die fleischiger sind als die Tentakel, dem Verdauungsbereich im Schirminnern zuführen. Bei magerer Nahrungslage oder schlechten Umweltbedingungen können verschiedene Quallenarten sogar schrumpfen und allmählich ihren eigenen Körper verzehren. Die Anpassungsfähigkeit geht so weit, dass sich, wenn nötig, der ursprüngliche Schirmdurchmesser im Rahmen der sogenannten Wachstumsrücknahme von 18 auf 1,4 Zentimeter reduziert. Dabei bleiben die Quallen fertil und mobil. Sobald wieder ausreichend Futter vorhanden ist, wächst die Meduse erneut voll aus. Die Nesselzellen, die bei der Nahrungsbeschaffung zum Einsatz kommen, bestehen aus mikroskopisch kleinen Kapseln, die über Sinneshärchen verfügen, welche bei der leichtesten Stimulation eine Art eingerollte Harpune mit einer Beschleunigung von 40 000 g (40 000-fache Erdbeschleunigung) auswerfen – einer der schnellsten biologischen Abläufe überhaupt.

Am Ende der Szene aus *Sphere* ist die Soldatin jedenfalls tot – und mit ihr jede Ambition, die Qualle mal nicht spektakulär zu inszenieren: »*Oh, ah, oh mein Gott!* Jesus Christus, sie ist tot, ich sehe keine Bläschen mehr.« Im Hinblick auf eine solche Bildpolitik des Pompösen war und ist das kalifornische Monterey Bay Aquarium, das die Filmemacher damals aufsuchen, Vorreiter. Seit einigen Jahren sind zwei von der Institution kuratierte Livestreams online einsehbar, auf denen nichts anderes zu sehen ist als Quallen in Aquarien, einmal die *Chrysaora fuscescens*, einmal die *Aurelia labiata*. Die Arten, die gezeigt werden, und die Art, wie sie gezeigt werden, verbünden sich zu einem hypnotischen Format: Irgendwo zwischen Meer und Clouds glupschen die Wesen vor sich hin, versendet als körperloser Code durch Tiefseekabel, in deren Nähe ihre Artgenossen womöglich leben, um schließlich als Erscheinungen auf den Screens dieser Welt zu landen. Solche ästhetischen Indienstnahmen sind nicht ohne Widerspruch geblieben: Die Kulturwissenschaftlerin und Wissenschaftshistorikerin Stacy Alaimo spricht von einer »New-Age-Aufmachung von Natur zum Abbau menschlichen Stresses«. Schauen Sie sich das Livevideo einfach selbst an, am besten unterlegt mit der Soundspur der Szene aus *Sphere* – oder andersherum. In beiden Fällen wird schnell klar, wie einseitig die jeweilige Darstellung ist. Mal ist zu sehen, wie sich die Schleier durch ein unendliches Blau bewegen, ohne Ziel und ohne Wut, während Queen Latifah um ihr Leben schreit, begleitet von Geigen und dramatischem Blubbern. (Ihr spektakulärer wie für die Handlung völlig unerheblicher Tod in *Sphere* hat sicherlich dazu beigetragen, dass sie mittlerweile auf einer Vertragsklausel besteht, dass die Figur, die sie spiele, nicht sterben dürfe.) Mal ist zu hören, wie das elektronische Tingeltangel der Streams alles mit seinem Öko-Ambiente-Sound narkotisiert, während Queen Latifah von Plastiktüten angegriffen wird, die sie zu Tode pieken. So oder so: Die Qualle ist auch im Medium Film ein Tier der Extreme, das einen mal in pastellige Zukünfte führt, mal in gräuliche Abgründe zieht.

Ein Tentakel, ein Kabel, ein Link: Von der gewissermaßen unsterblichen Queen Latifah ist es kein allzu weiter Weg zur gewissermaßen unsterblichen Qualle *Turritopsis dohrnii*. Prinzipiell folgt auch diese Qualle dem Standardmodell: Die Meduse wirft Spermien beziehungsweise Eier ab. Durch Befruchtung entstehen Planula-Larven, die sich niederlassen und zu Polypen heranwachsen, die Ephyren abschnüren, die zu Medusen werden. (Es gibt auch Arten, bei denen die weibliche Qualle nach Aufnahme der Spermienfäden die Planula-Larven im Körperinnern ausbrütet und erst später ins Wasser entlässt.) Jedoch kann die nur wenige Millimeter kleine *Turritopsis dohrnii* etwa bei negativen Umweltbedingungen oder lebensbedrohlichen Verletzungen einen Regenerationsprozess einleiten. Sie gilt damit als der einzige Vielzeller der Tierwelt, der sich selbst verjüngen kann und seinen Lebenszyklus dementsprechend beliebig oft wiederholen könnte. Der japanische Meeresbiologe Shin Kubota hat diesen Ablauf erstmals beobachten können: Während Tentakel und Teile des Schirms verkümmern und absterben, formieren sich bestimmte Zellen des Außenschirms innerhalb weniger Tage um. Teile des Leibs verwesen also nicht, sondern durchlaufen eine sogenannte Transdifferenzierung. Ist diese erfolgt, bilden sich aus dem Reste-Körper Polypen. Die Medusen, die anschließend via Strobilation entstehen, sind genetisch identisch mit der ursprünglichen Meduse.

Aus zellulärer Perspektive kann also durchaus von Unsterblichkeit die Rede sein, wobei das freilich kaum dem entspricht, was der Mensch meint, wenn er das Konzept sehnsuchtsvoll für sich in Anspruch nimmt. Ihm schwebt meistens das ewige Leben eines Individuums vor, das Versprechen, Erinnerungen und Erfahrungen durch alle Zeiten hindurch bei sich zu tragen. Demgegenüber unternimmt die Art *Turritopsis dohrnii*, die Shin Kubota beim Karaoke in selbstverfassten Liedern mit Titeln wie *Die Hard Medusa* besingt, eigentlich das Gegenteil: Sie leitet ihre eigene Zersetzung ein, bei der bis auf ein Häufchen Zellen nichts zurückbleibt, um dann ganz neu und ganz alt weiterzumachen.

Marie Phisalix' Buch Animaux venimeux et venins *(1922) illustrieren die Schwestern Marthe und Juliette Vesque; erstere fertigt diese düstere Abbildung der Art* Physalia pelagica *an.*

Gemessen an den Distanzen, die bisher überwunden wurden, ist das Seto Marine Biological Laboratory, an dem Kubota seit Jahrzehnten forscht, nur einen Katzensprung entfernt von der nächsten und letzten Station dieses Kapitels. Eine gute Flugstunde nordöstlich vom Forschungsinstitut liegt nämlich die Sagami-Bucht, die zum Schauplatz eines jugendlichen Freiheitsdrangs wird. Unweit von ihr, in Tokio, kommt 1901 Michi Hirohito zur Welt. Er ist der erste Sohn des Kronprinzen Yishihito (Taishō), der 1912 zum Tennō (Kaiser) Japans gekrönt wird. Entsprechend dem höfischen Zeremoniell ist seine Kindheit und Jugend geprägt von Restriktionen und Ritualen, schließlich ist er der Auserwählte, der den ›Chrysanthementhron‹ besteigen wird. Bei einem Landausflug, der Hirohitos wachsendem Interesse an der Naturkunde gilt, wird der Teenager der Entourage überdrüssig, woraufhin sein Biologielehrer Dr. Hirotaro Hattori ihm einen Vorschlag macht: Was hält Eure Durchlaucht von der Meeresbiologie? Auf einem Boot könnten sich ja nicht so viele Leute tummeln. Ein schnippischer Akt des Aufbegehrens – und folgt man der offiziellen Biografieschreibung, beginnt sie hier, Hirohitos lebenslange Begeisterung für die Tiere des Meeres. Ein kleines Haus am Strand von Sagami wird eingerichtet. Ein Perlentaucher-Ehepaar wird engagiert, um den Prinzen zu begleiten. Nackt unter Nackten springt der Thronfolger ins klare Wasser, der weiße Gipfel des Fudschijama im Hintergrund, eine Welt der Ruhe unter sich – so will es das Palastnarrativ. Später wird im Domizil des Kronprinzen ein Laboratorium eingerichtet, zu dessen Direktor Hattori ernannt wird.

Im Laufe der Jahre entwickelt Hirohito ein besonderes Interesse für eine Klasse der Nesseltiere, die Hydrozoen. Entsprechend der taxonomischen Einordnung sind sie keine Quallen im engeren Sinn, auch wenn die Tiere wie diese zumeist über ein Polypen- und Medusenstadium verfügen. Etliche Arten sind koloniebildend, viele davon messen nur wenige Millimeter. Die Hydrozoen umfassen aber nicht nur die Mini-, sondern auch die Maxi-Größe: Der Klasse gehören ebenso die Staatsquallen an, die Siphonophoren, zu denen etwa die bereits erwähnte *Portugiesische Galeere* gehört. Arten der Gattung *Apolemia* sind nicht weniger eindrücklich, darunter schlauchähnliche Organismen, die spiralförmig im Wasser schweben und eine aus sogenannten Zooiden – einzelnen Polypen und Medusen, die jeweils eine Funktion übernehmen – zusammengesetzte Kolonie bilden. Dactylozooiden etwa bilden Fangfäden aus, Pneumatophoren entwickeln wiederum Gasdrüsen, um den Auftrieb zu regeln. Der äußerste Ring dieses einsträngigen, weißbläulich schimmernden Großkörpers kann bis zu fünfzig Meter messen. Ob man darin ein Tier erkennt, das autonom handelt, oder einen Zusammenschluss von Tieren, die erst als Kollektiv überlebensfähig sind, ist nicht nur eine Angelegenheit der biologischen Präzision. Dahinter stecken auch Fragen der Vergemeinschaftung, die der Mensch an sich richtet, indem er sie auf die Tiere projiziert: Wer lebt hier wie mit wem zusammen? Wer arbeitet für wen? In wessen Dienst stellt sich das Individuum, wenn denn überhaupt noch von einem solchen gesprochen werden kann? Auch hier wird, wie es die Physikerin und Professorin für feministische Studien Karen Barad in Bezug auf Amöben ausdrückt, »die Natur von Identität« unterwandert, indem »die Binarität von Individuum/Gruppe« infrage gestellt wird.

Manch einer mag an dieser Stelle die gerechtfertigte Frage stellen, inwiefern sich nichtmenschliche Lebensweisen auf menschliche Gemeinschaften übertragen lassen, ohne dabei politisch fragwürdige Fehlschlüsse zu ziehen. Alle für einen, alle für den Stock? Ist das das Fazit, das einem die Hydrozoen an die Hand geben? Gerade hinsichtlich eines Kaisers, der einer so streng hierarchisch organisierten Gesellschaft wie jener des Japans des 20. Jahrhunderts vorsteht, lohnen sich derlei spekulative Überlegungen vielleicht doch – als ein weiterer schnippischer Akt des Aufbegehrens. Es geht dabei auch um eine kritische Selbstbefragung, wie im beginnenden 21. Jahrhundert ein gelingendes Leben denn nun aussehen könnte – in Gruppen und Netzwerken, die klassischen Vorstellungen von Individualismus hinter sich lassend. »In einem historischen Moment, in dem individuelle, persönliche Identität als ein dezentrierter Ort vielfältiger Subjektpositionen entlarvt worden ist«, schreibt der Literaturtheoretiker Frederic Jameson diesbezüglich, »ist es sicher nicht zu viel verlangt, dass entsprechende Konzepte auch für kollektive Identitäten entwickelt werden sollten.« Es ist jedenfalls eine reizvolle Konstellation, die einen innehalten lässt: der solitäre, gottgleiche Alleinherrscher, der sich den unzähligen, wuseligen Hydrozoen widmet. Weiter können Lebensmodelle nicht auseinanderliegen.

Seiner Forschung kann Hirohito stets nur als Freizeitbeschäftigung nachgehen, und selbst das ist verschiedenen Akteuren des Kaiserpalasts nicht geheuer. In seiner Biografie *Ein Gott dankt ab* erwähnt Leonard Mosley eine Episode, die Bände spricht: Als sich Ende der 1930er-Jahre eine rechtskonservative Clique an Generälen und Politikern immer mehr Gehör

In Muckipuckis wundersame Fahrten und Abenteuer *(1927) von Richard Zoozmann navigiert die Hauptfigur auf ihrem Seepferdchen durch einen Quallenschwarm.*

verschafft, erregen Hirohitos naturwissenschaftliche Studien zunehmend Argwohn. Einer der Hofsekretäre notiert in sein Tagebuch, »verstörte Hofbeamte« hätten versucht, »eine Sendung Filme über Meereslebewesen und Strandflora« abzufangen: »In diesen Zeiten soll der Kaiser«, so habe die Gegenseite der Generäle argumentiert, »auf solche Dinge keine Zeit verschwenden«. Die Palast-Soap endet indes gut. Treue Diener greifen ein, und das Duo Hattori/Hirohito kann sich heimlich im Laboratorium treffen, um weitere Arten der Hydrozoen zu identifizieren. Wie resümiert es Mosley spöttisch? »Zu anderen Zeiten hatten Hirohitos Vorfahren am Hof von Kyoto in der Morgendämmerung den Fensterladen aufgemacht, um eine schöne Geliebte ungesehen hinausschlüpfen zu lassen.

Jetzt tat Hirohito dasselbe für einen seriösen alten Professor.« Es ist eine charmante Anekdote aus einer dunklen Zeit, und man muss aufpassen, nicht nur den liebenswürdigen Biologen, sondern auch den fehlgeleiteten Politiker im Auge zu behalten: Unter Hirohito tritt Japan an der Seite der faschistischen Achsenmächte in den Zweiten Weltkrieg ein.

Noch ein Jahr vor seinem Tod im Jahr 1989 soll das japanische Staatsoberhaupt sich, wenn die Zeit und die Pflichten es denn erlaubten, über das Mikroskop gebeugt haben, um sich den klitzekleinen Hydrozoen zuzuwenden. »Man mag sich wundern, welche Leistungen er noch hätte erbringen können, wäre er nicht der Kaiser gewesen«, meint einer seiner artig affirmativen Biografen: »Aber dieser Gedanke ist so müßig wie jeder Versuch, eine unvollendete Symphonie abzuschließen.« Maude Delap nickt und taucht wieder ab.

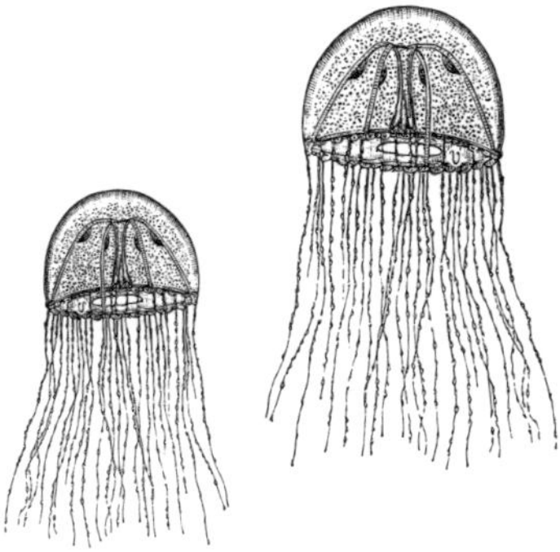

Leiber aus Glas und Glamour

Hiddensee, 1901 | Es ist Sommer, und jene Berliner, die es sich leisten können, für einige Wochen Nicht-Berliner zu sein, fahren an die Ostsee, um der Asphalthitze zu entkommen und die Muße träger Juli- und Augusttage zu genießen. Unter den Reisenden ist auch der im deutschen Kaiserreich für seine spitze Zunge gleichermaßen verehrte wie gefürchtete Feuilletonist und Kritiker Alfred Kerr. Einen seiner »Berliner Plauderbriefe«, die jahrelang in der *Königsberger Allgemeinen Zeitung* erscheinen, veröffentlicht er am 14. Juli 1901 unter dem Titel *In der Hitze*: »Die Berliner Jungen haben indeß eine Qualle gefangen; das Thier scheint aus weißem Glas zu sein, so durchsichtig ist es, und wie es die Glieder regt, sich bald zu einer kleinen Käseglocke zusammenzieht, sich bald flach ausbreitet, das ist sehr merkwürdig. Jetzt liegt die arme Qualle auf einem Stück Holz und giebt ihren Geist auf. Wir legen die zarte, feine Gallertmasse auf die unbeschriebene Seite eines Briefes, den wir heute morgen empfingen, und als sie nachts auf unserem Fensterbrett geruht hat, ist dieses Lebewesen in der Morgensonne verdunstet. Keine Spur blieb von ihr zurück als die holde, zart farbige Zeichnung ihrer Umrisse auf dem Briefbogen. Mein Begleiter ist entzückt von diesem Wunder des Meeres.«

Welche »arme Qualle« genau in die Fänge der Ferienseligen geraten ist, lässt sich nicht mit Bestimmtheit sagen. In der kühlen Ostsee waren damals und sind heute jene von Sylvia Plath in ihren Versen porträtierten Ohrenquallen weitverbreitet, die »des Ozeans Weitläufigkeiten« säumen. Aber auch die gelbe Haarqualle ist dort anzutreffen. 2006 sind zudem erstmals nicht heimische Rippenquallen gesichtet worden, die mutmaßlich über die Ballasttanks von Frachtern in die Gewässer gelangt sind und sich erstaunlich gut auf die vorherrschenden Umweltbedingungen einstellen konnten. Auf die Fischbestände haben sie nach jetzigem Kenntnisstand aber wahrscheinlich keinen großen Einfluss. Kerr hätte die Rippenqualle vor mehr als einem Jahrhundert sicherlich ebenfalls bewundert. In beweglichen Plättchen, die entlang von acht Strängen am Körper verlaufen und der Fortbewegung dienen, spiegelt sich das gesamte Farbspektrum: eine gelatinöse Diskokugel.

Ganz unabhängig davon, welche Art der Feuilletonist vor sich hatte, ist es ein von ihm schön hingetuschtes Bild: der Gast aus dem Meer, dem die Verletzung und das Verschwinden immer schon als Möglichkeiten mitgegeben sind, schließlich der diskrete Tod im Dienste eines eindrücklichen Ferientages. Geschrieben steht das alles auf Papier, dem Stoff, der seit Jahrtausenden dafür herhält, sich gegen die Vergänglichkeit zu stemmen, indem Zeichen um Zeichen auf ihm festgehalten wird, in diesem Fall eine Art maritimes Mandala, dessen Urheber verschwinden muss, um sich selbst als Zitat zu hinterlassen.

Auf den ersten Blick mag der Quallenleib simpel, geradezu archaisch erscheinen. Je nach Art besteht er zu 94 bis 99 Prozent aus Wasser, der Rest sind organische Komponenten wie Muskeln, Kollagen und Nerven sowie anorganische Salze. Aber aus Sicht der Morphologie, der Teildisziplin der Biologie, die sich mit Struktur und Form von Organismen beschäftigt, weist

Das Tier ist verschwunden, seine Spur bleibt, Chrysaora isosceles – Glassilaun Beach *(2006) von Dorothy Cross.*

er regelrecht erstaunliche Merkmale auf. Hervorzuheben sind etwa die sogenannten Rhopalien. Das sind Nervenknoten, die bei vielen Arten am Rand eingelagert sind und durch einen lappenartigen Überwurf des Außenschirms geschützt werden. Als Sinneskolben sind sie für die Orientierung und den Gleichgewichtssinn zuständig. Bei Würfelquallen ist der Sehkolben weiterentwickelt: Am Stielende der vier Rhopalien, die deutlich als weiße Keulen zu erkennen sind, sitzen jeweils zwei Augen, die über Linsen, Hornhäute, Pupillen und Netzhäute verfügen, sowie vier lichtempfindliche Augenflecken. Über diesen Sinnesapparat kann das Tier Formen wahrnehmen und hell und dunkel voneinander unterscheiden.

Wer einer Qualle also unbedingt in die Augen blicken möchte, um sich ihr von Du zu Du zu nähern, der ist mit der Klasse der Würfelqualle am besten bedient. Auch wenn der Wunsch, ihr Innenleben zu ergründen, die Seele zu erhaschen, den Geist, das, was mit allerlei Worten benannt und doch nie erkannt wird, wohl kaum befriedigt wird. Eher stelle ich mir den Blickkontakt so vor, wie es in Rainer Maria Rilkes *Achter Duineser Elegie* heißt: »daß ein Tier, / ein stummes, aufschaut, ruhig durch uns durch«. So wie die Qualle durch uns hindurchsähe, so fänden auch unsere Blicke an ihrem Körper keinen Halt. Wie soll auch ein Innen erkundet werden, wenn es für diese Wesen, die laut dem Philosophen Lambert Wiesing »eine nahezu vollständige ontische Indifferenz« zu ihrer Umwelt aufweisen, kein wirkliches Außen gibt? »Das Sein einer Qualle im Ozean«, schreibt er, »geht fließend und grenzenlos in das Sein der Welt über.« Wer schaut hier in stummer Ratlosigkeit durch wen hindurch, irritiert von der Tatsache, dass dieses Wesen durch und durch einsichtig ist und sich einem gerade deswegen nicht enthüllt? Weit und breit also »[k]eine Spur« eines Erkennens, so sehr der Mensch sich auch bemüht, das Tier dingfest zu machen.

Gallert, Gelee, Glibber: Unabhängig von ihren morphologischen Eigenheiten stellt die Qualle die Wissenschaft vor das Problem der Konservierung, Erforschung und Zurschaustellung. Das erfährt auch der bereits erwähnte französische Naturalist François Péron auf frustrierende Weise. Als im Jahr 1800 die Expédition Baudin im französischen Le Havre in See sticht und Richtung Australien aufbricht, ist er mit an Bord. Schon mehr als 150 Jahre vor dem Jellyfish Act gilt bereits damals dessen implizite Logik: Die Initiative entspringt weniger einer hehren Neugierde als vielmehr nationalen ökonomischen Interessen. Die Expédition Baudin werde, heißt es in einem Papier, das der zuständigen Verwaltung vorgelegt wird, die ethnografischen und mineralogischen Studien ebenso bereichern wie die Arbeiten zu Flora und Fauna der noch unbekannten Weltregionen. Auf diese Weise sei sie »von Nutzen für den Fortschritt der Wissenschaften« und stelle »Vorteile für die nationale Wirtschaft« in Aussicht. Sie befördere den Handel mit den lokalen Bevölkerungen, indem sich vor Ort »das Bedürfnis nach unseren Produkten« hervorbringen ließe.

Auf der Reise freundet Péron sich mit Charles-Alexandre Lesueur an, der als Hilfskanonier angeheuert hat. Es war schlichtweg der einzige noch freie Posten. Im Laufe der Reise sterben oder desertieren etliche Mitglieder der Mannschaft, sodass Lesueur mehr und mehr seiner eigentlich präferierten Tätigkeit nachgehen kann: dem Zeichnen. Statt Waffen zu bedienen, fertigt er zwischen 1800 und 1804 Aquarelle von Quallen an, die heute noch wegen ihrer Präzision beeindrucken. Teils benutzt er dazu Pinsel, die aus einem einzigen Härchen bestehen, um die transparenten Leiber samt ihrer dünnen Tentakel und nuancierten Farbverläufe zu Papier zu bringen.

Noch schwieriger ist es, die Tiere nicht als Bild, sondern als Körper festzuhalten. Da Alkohollösungen, die damals benutzt werden, knapp und teuer sind, muss Péron in Anbetracht der schieren Menge an Exemplaren, die gefangen werden, andere Wege gehen. Er legt die wirbellosen Meerestiere in Salzsäure ein, in Olivenöl, schließlich sogar in Essig, dem er Pfeffer oder Piment beimischt. Die Ergebnisse sind dementsprechend: Innerhalb weniger Tage seien die Exemplare, klagt Péron in seinem

Auf See hat Lesueur viel Zeit, um die Medusen zu studieren. Für die späteren Aquarelle benutzt er u. a. Pinsel, die aus einem einzelnen Härchen bestehen.

Bericht, vollkommen verdorben. Auch den Quallen, die Maude Delap in ihrem *Department* in einer Lösung aus Formalin und Meerwasser lagert, ergeht es kaum anders. Im hohen Alter ist es Delap, die 1953 mit 86 Jahren stirbt, nicht mehr möglich, sich um die Behältnisse zu kümmern. Das Formalin verdunstet, die Präparate vergammeln; übrig bleibt verfaulter Glibber.

Selbst in Bezug auf ihre Konservierung nötigt das Tier einem folglich ab, wie ein Künstler vorzugehen. Das zeigt sich wohl am eindrücklichsten anhand einer Anleitung, die Ernst Haeckel 1879 in seiner *Monographie der Medusen* barkeepergleich gibt: Ein »Liquor (in groben Maas-Verhältnissen)« solle zusammengesetzt sein aus »4 Esslöffeln Alaun, 8 Esslöffeln Kochsalz auf 3 Weinflaschen voll Regenwasser (eventuell dazu bei grossen Medusen noch eine Spur von Sublimat)«. Vorteilhaft sei es auch »für manche (aber nicht alle!) Medusen, sie 10–12 Stunden in concentrirter Pikrin-Säure liegen zu lassen«, ehe man sie in starken Alkohol legt. »[D]as Beste bleibt immer, sie vorher 10–20 Minuten lang mit einer sehr schwachen Lösung von Osmium-Säure [...] zu behandeln und dann mit Carmin-Lösung zu färben.« Doch selbst, wenn der Cocktail gelingt, verblassen die Präparate schnell oder verlieren ihre Form.

Die Konservierung ist also ein Problem – und zwar nicht nur für das Duo Péron/Lesueur und die »Berliner Jungen«, schließlich ist die Geschichte der Naturwissenschaften auch immer eine Geschichte des Besitzes von Wissensgegenständen. Aber wie soll das Forschen zu und das Lernen an Tieren gelingen, die so schnell verschrumpeln, verdunsten und eingehen? Anders gefragt: Wie werden aus nicht handhabbaren Tieren handhabbare Dinge?

Die Antwort lautet in diesem Fall: Glas. Das Material selbst wird oft als Vergleich bemüht, um die Gestalt von Quallen zu beschreiben. Alfred Kerr spricht in seinem »Plauderbrief« von einer »kleinen Käseglocke«, Paul Valéry in seiner anfangs erwähnten Eloge auf den Tanz der Qualle im Wasser von »irrsinnig reizbaren Leibern aus Glas«, der Schriftsteller Hanns Cibulka von einem »Glasleib«, der angehaucht sei »von opalisierenden Farben«. Aber es bleibt nicht beim Bild, es wird handfester: Mit Leopold Blaschka, der einer nordböhmischen Familie von Glasbläsern und Goldschmieden entstammt, wendet sich in der zweiten Hälfte des 19. Jahrhunderts ein Kunsthandwerker der Qualle zu. Er wird sie aus den unerreichbar fernen und tiefen Meeren in die bürgerlichen Salons, Museen und Institute holen.

Bis in die 1870er-Jahre liegt eines von Blaschkas Hauptverdiensten in der Herstellung von Glasaugen und Metallaufsätzen zu medizinischen und dekorativen Zwecken. Die Glasmodelle von Pflanzen und Tieren, die zuerst eher aus privater Leidenschaft und für einzelne Liebhaber kreiert werden, nehmen im Laufe der Jahre mehr und mehr Raum ein. Als sein Sohn Rudolf Blaschka Mitte der Siebzigerjahre beginnt, in der Werkstatt nahe Dresden mitzuarbeiten, stellt Blaschka senior die Produktion bereits allmählich um. Die Herstellung von Glasaugen für Stopfpräparate von Tieren – eine Arbeit, die weder Vater noch Sohn wirklich mögen – wird zurückgefahren, je stärker die Nachfrage nach den Reproduktionen der Meeresbewohner anzieht. Sollen die Taxidermisten, die mit ihren Methoden vor dem Quallenkörper kapitulieren, doch sehen, wo sie bleiben mit ihrer Nachfrage nach falschen Augen für tote Tiere!

In naturwissenschaftlichen Kreisen wächst das Interesse an den Skulpturen der Blaschkas, die sich gut für die Lehre an Universitäten eignen. Ab den 1880er-Jahren wird der Vertrieb weltweit über Agenten abgewickelt, am Ende des Jahrzehnts umfasst der Katalog für Nordamerika mehr als 700 Modelle, darunter die unterschiedlichsten Meerestiere, von Seeanemonen über Schwämme bis hin zu Quallen. In einem der frühen Kataloge heißt es über die Glaskunstwerke mit ihren hauchdünnen Schäften, kristallin glänzenden Aufsätzen und matt pigmentierten Flächen, die teils dünner als Eierschalen sind: Sie eignen sich »zur Zierde für elegante Zimmer« ebenso wie »zur Belehrung für Unterrichtsanstalten für Museen«. Eine der Arten, die die Blaschkas modellieren, ist die Mangroven-Schirmqualle (*Cassiopea frondosa*). Sie lebt, wie ihr Name es bereits verrät, in eher sandigen Gewässern bis zu einer Tiefe von acht Metern und tritt oft schwarmweise auf. Wer sie von oben betrachtet, kommt schnell auf die Idee, es handele sich bei ihr um ein buschiges Pflanzengewächs. Denn die Art lebt verkehrt herum. Der Schirm zeigt bei ihr nicht nach oben, sondern bildet die Körperunterseite, mit der das Tier sich im seichten Grund zwischen Geröll, Korallen und Rifflagunen festsetzt. Ihre Tentakel und Mundarme hingegen weisen nach oben. Diese Ausrichtung ist den sogenannten Zooxanthellen geschuldet, kleinsten Algen, die sich im gesamten Körper der *Cassiopea frondosa* ansiedeln können, in Symbiose mit ihr leben, Fotosynthese betreiben und deswegen auf das Sonnenlicht angewiesen sind. Einen Teil der so erzeugten Energie führen sie der Qualle zu. Hieraus erklärt sich auch die mal moosgelbe, mal olivgrüne Farbe der Tentakel.

Insgesamt lehrt das Vater-Sohn-Duo seine Zeitgenossen ein bis dahin unerhörtes Sehen. An Land ist die Meduse zu dem Zeitpunkt schließlich eine seltene und zugleich selten genaue Zeichnung, ein verblichenes Präparat in Alkohollösung, eine uninformierte Erzählung. Erstmals gewinnt sie nun Gestalt, wird plastisch und zu einem glamourösen, ungreifbar filigranen Einzelwesen, besprenkelt von Lichtreflexen. (Die Glasmodelle selbst sind so zierlich, dass jede Berührung wohlüberlegt sein muss. Von den zehn- bis fünfzehntausend hergestellten Exemplaren von Wirbellosen haben lediglich, so eine Schätzung, 35 bis maximal 50 Prozent die Zeit überdauert.) Die Hochglanz-Fotografie, die heutzutage mit ihrem Hyperrealismus die Art und Weise prägt, wie die Qualle uns erscheint, steht nach wie vor in der Tradition der blaschkaesken Darstellungen. Der glänzende Solitär, exquisit ausgestaltet, als sei er nicht von dieser Welt – diese Formgebung lässt sich erstmals bei den Skulpturen von Leopold und Rudolf Blaschka beobachten.

Die bis heute anhaltende Wirkkraft der Skulpturen mag auch darin liegen, dass sie die Authentizität, die ihnen abverlangt wird, gar nicht einlösen können. Schließlich setzen sie eine materielle Assoziation in Gang, die doch verleugnet werden soll, um ein möglichst realitätsnahes Schau-Erlebnis zu garantieren. Ein Ding aus Glas soll wie ein Tier wirken, das an Glas erinnert. In der Werkstatt werden 1880 sogar Aquarien in Betrieb genommen, um sich an lebenden Medusen zu orientieren. Die Tiere erhalten die Blaschkas unter anderem aus dem ozeanografischen Institut im italienischen Triest. Sie tauschen diese gegen ihre Modelle ein, die für die Zoologen vor Ort wertvoller sind als die Quallen vor ihrer Haustür. Aber lassen sich die »Aliens der Meere«, wie *Der Spiegel* noch 2014 titelt, überhaupt naturalistisch abbilden? Ist es nicht eher so, dass die Begegnung mit Quallen stets von einem unwirklichen, übernatürlichen Touch begleitet ist, sie einem dementsprechend gar nicht als natürlich oder echt vor Augen treten können? Vielleicht liegt genau hierin ihr besonderer artistischer Reiz, der auch die Glasmodelle so attraktiv macht: Aufgrund der Art, wie sie auf der Welt sind, lassen sich Quallen in keine definitive, keine realistische Form

Neben blanken Zahlen und Listen finden sich in Leopold Blaschkas Notiz- und Kontorheft auch Skizzen für seine Glasmodelle von Quallen.

gießen. Je mehr Künstler genau das versuchen, umso stärker stellen ihre Werke gerade diese enthobene Flüchtigkeit aus.

Selbst die Empiriker, die sich der Qualle objektiv zuwenden, geraten zuweilen an ihre Grenzen. Als Leopold Blaschka im Mai 1853 nach Amerika reist, um sich vom Tod seiner ersten Frau sowie seines Vaters zu erholen, gerät das Segelschiff Pauline in eine zweiwöchige Flaute. Während der Wind stillsteht, ereignet sich eines Nachts ein Meeresleuchten: »Wir befinden uns auf einem Segelschiffe im atlantischen Ocean, durch Windstille festgebannt; es ist eine schöne Mainacht. Hoffend blicken wir in das Dunkel des spiegelglatten Meeres hinaus.« In seinen Reisenotizen hält Blaschka weiter fest: »Da entsteht ringsum ein blitzartiges Leuchten an verschiedenen Stellen, wie von tausend Funken, welche wahre Feuergarben bilden und andere hellleuchtende Punkte, wie scheinbar abgespiegelte Sterne umgeben.« Für Blaschka senior habe diese Erfahrung, so kolportiert es sein Sohn Jahrzehnte später in einem Vortrag, maßgeblich dazu beigetragen, sich den Meerestieren zuzuwenden: »Es ist«, notiert Leopold Blaschka, »als wollten sie den entzückten Beobachter in ein Feenreich locken.« Der Entzückte und die Feen, das ist nicht unbedingt eine Rollenverteilung, die einem Rationalisten gut zu Gesicht steht. Aber ist es tatsächlich ein Widerspruch? Die Gleichzeitigkeit von Wissenschaft und »Wunderbewegung«, wie Natascha Adamowsky es ausdrückt, ist grundsätzlich ein Kennzeichen der damaligen Epoche. Das Vertrauen in Technik und Vernunft als Garanten des Fortschritts, wie die Moderne es hegt, geht einher mit Kompensationen, um das Obskure und das Geheimnisvolle zu integrieren, das nun einmal auch jeder Gesellschaft eigen ist.

Der Fotograf Guido Mocafico lässt die Glasskulpturen von Leopold und Rudolf Blaschka in ihrer ganzen Eleganz erstrahlen.

Muckipucki ist denn auch derselben Meinung wie der Glasmodelleur. Die Figur aus dem Kinderbuch *Muckipuckis wundersame Fahrten und Abenteuer* schwärmt 1927 in ganz ähnlichem Wortlaut wie Leopold Blaschka über ein Meeresleuchten, das er sich vom Rücken seines Seepferdchens Hippocampus aus anschaut. Es sei »das allerschönste Fest des Meeres«, das »märchenhafteste Schauspiel, das Menschenaugen jemals zu erblicken vermögen«. Die einen sitzen auf Pauline, die anderen auf Hippocampus – es macht keinen sonderlich großen Unterschied: Alle gleiten sie hinüber in den »Modus der Faszination«, den die Kulturwissenschaftlerin Nanna Heidenreich nicht nur als mediales Phänomen für das 19. Jahrhundert ausmacht. Sie verortet es ebenso in der Gegenwart: »Auch die heutige Begeisterung für die Weltmeere und die zunehmenden wirtschaftlichen Interessen an ozeanischen Ressourcen werden, so würde ich ergänzen, vom Ah- und Oh-Format solcher medientechnischer Visualisierungen begleitet.«

Ein Beispiel hierfür liefert die bereits erwähnte Forschergruppe, die mithilfe von Robotern auf Tauchgang geht und ihre Beobachtungen auf Video festhält. Ein Kommentar unter einem der online verfügbaren Clips, in dem mal wieder eine Quallenart bejubelt wird, lautet schlicht: »Niemand kann mir erzählen, dass diese Wissenschaftler nicht vollkommen ZUGEDRÖHNT sind.« Oder wie es deren Kollege George Romanes, von dessen Quallen-Experimenten noch die Rede sein wird, 1885 etwas feinsinniger ausdrückt: »Es sei daran erinnert, dass unsere menschliche Verfassung nicht dermaßen aus dem Lot ist, dass das rationale Bedürfnis, etwas zu wissen, inkompatibel sei mit dem emotionalen Impuls, etwas zu bewundern.«

Zum Einsatz bei den ROV-Exkursionen kommt unter anderem eine sonderangefertigte Kamera, die die Biolumineszenz, die etliche Tiere der Ozeane zu Zwecken der Orientierung, des Beutefangs oder der Fortpflanzung einsetzen, besonders gut ablichten kann. Solches Spezialequipment ist auch deshalb nötig, weil das Wasser die roten Wellenlängen des Sonnenlichts absorbiert, die Farbgebung sich ab einer Tiefe von circa 200 Metern also stark verändert. Auch der sogenannte Meeresschnee stellt Foto- und Videotechnik vor Herausforderungen: Die Partikel aus abgestorbener Biomasse und damit assoziierten Mikroorganismen, die von den oberen Meeresschichten bis zum Grund ›regnen‹ und für zahlreiche Tiere eine Hauptnahrungsquelle darstellen, reflektieren das künstliche Licht der Kameras und legen sich zuweilen als körnige weiße Flecken zwischen Objektiv und Objekt. (Zum Gestöber gesellt sich auch immer mehr Mikroplastik.) So gilt wieder einmal: Das Bild der einsam portraitierten Kreatur, die durch eine undurchdringliche Schwärze treibt, ist das Endprodukt einer Inszenierung. Es folgt bestimmten Vorstellungen, wie wir meinen, dass dieses Tier lebt, und richtet sich dabei an den Möglichkeiten der Apparate aus, die zum Einsatz kommen, um ebendieses Bild zu beschwören. »Und wir müssen uns daran erinnern, dass das, was wir beobachten, nicht die Natur selbst ist, sondern Natur, die unserer Art der Fragestellung ausgesetzt ist«, schreibt der Physiker Werner Heisenberg 1959 in *Physik und Philosophie*. Im Hinblick auf die Blaschkas, Fotografien, ROVs & Co ließe sich ergänzen: Die Natur zeigt sich einem nicht nur entsprechend der »Art der Fragestellung«, sondern auch entsprechend der »Art der Gestaltung«, die sich je nach Technik und je nach Epoche verändert.

In Anbetracht des erwähnten Modus der Faszination ist es nicht verwunderlich, dass sich auch die Popkultur mit ihrem Faible für den Glamour, die Oberfläche und den Effekt seit ein, zwei Jahrzehnten der Qualle vermehrt annimmt. Als Pionierin kann hierbei die isländische Sängerin Björk gelten: Das Musikvideo zu ihrem Song *Oceania* vom Album *Medúlla* (2004) präsentiert einem gewissermaßen die Zwillingsvisuals zur Szene aus *Sphere* mit Queen Latifah. In der dunklen Tiefsee strampelt Björk sich ab, während sie die Kräfte von Mutter Gaia alias Oceania herbeiruft: »One breath away from mother Oceania / Your nimble feet make prints in my sands«. Statt »entsetzlichsten Ungeheuern«, die sich die Figuren in Ludwig Tiecks *Der Wassermensch* am Meeresboden lebend ausmalen, gibt es bei ihr eine symbiotische Utopie inklusive Verklärung der Natur zur Urmutter, zum ersten Schoß. Statt eines Schutz- trägt Björk dabei einen Strassanzug und beschwört milchweiße Quallen herbei, die ihr aus den Händen gleiten und um sie herum pulsieren. Diesmal ist es keine Horde, sondern eine Tanzkombo, die sich durch ein Habitat schimmernder Organik bewegt:

You show me continents
I see islands
You count the centuries
I blink my eyes.

Im Zuge der Popularisierung ist die Qualle – zumindest als Statist – auch immer öfters in der Gegenwartsliteratur anzutreffen. So spielt etwa der Protagonist in Joshua Groß' Roman *Flexen in Miami* aus dem Jahr 2020 ein Online-Spiel namens *Cloud Control*. Während er sich offline in den Alben des Rappers Jellyfish P

Auf das Gemälde Davy Jones's Locker *(1890) von William Lionel Wyllie hat die Qualle es nicht geschafft. Auf der Vorstudie ist sie unten rechts noch zu sehen.*

verliert, die *fluorescence* oder *phosphorescence* heißen, stellt er seinem Avatar in der virtuellen Welt eine Qualle als Haustier zur Seite: »Wir schlichen ewig durch einen endlosen Palmengarten, aufgeregt flüsternd«, heißt es im Roman von Groß, »immer darauf bedacht, nicht entdeckt zu werden, abwechselnd an der Tastatur. Wir rasten im Wohnmobil über leere Highways, begleitet von unserer schwebenden Qualle, die immer wieder ihre fluoreszierende Farbe wechselte.« Und in Philipp Rödings Roman *20XX* aus demselben Jahr sorgen sogenannte iCubes für die Stimmung: »Der iCube projizierte eine versöhnliche Szene ins Wohnzimmer. Über dem Couchtisch schwebte eine karamellfarbene Qualle, die in einer türkisblauen Flüssigkeit rotierte.«

»Autopoiesis, Mimesis, Bionik. Saugnapf, Propeller, Echolot«, schreibt wiederum die Schriftstellerin Enis Maci 2018 in einem Essay, in dem sie sich auch mit der »unsterblichen« Art *Turritopsis dohrnii* auseinandersetzt. Auf das Tier folgt bei ihr sogleich das Netz: »Die müßige Frage, welche Form ein Essay über das Internet haben sollte, ist das Internet doch selbst versuchsförmig.« Das Virtuelle und das Fluide, Connections und Tentakel, die Organisation der Daten und das »organisierte Wasser«, wie eine beliebte Beschreibung des Tieres lautet – für eine Symbolik des Digitalen und Immersiven ist die Qualle das techno-organische Emblem schlechthin. Verhilft früher das Glas der Qualle zu einer ersten Blütezeit, scheint sie heutzutage – in der Literatur genauso wie in anderen Kunstsparten – besonders zwischen Embeddedness, IT-Schnittstellen und dem Glanz der Displays zu ihrer Bestform zu finden. Einer Bestform, mit der ihr auch die Versöhnung gelingen soll, nach der zurzeit das Nature Writing, ganz grundsätzlich die Kunst im sogenannten Anthropozän trachtet: einerseits die Bezugnahme auf die Natur aus der Gefahr herauszulösen, einer antimodernen Idee in die Hände zu spielen, in der die Natur im Gegensatz zur schmutzigen Kultur zum Hort des Echten, Wahrhaften und Reinen idealisiert wird; andererseits das Risiko einer Regression zu unterbinden, indem technoide Zukünfte samt Sci-Fi-Futurismus, Avataren und Projektionen affirmiert werden.

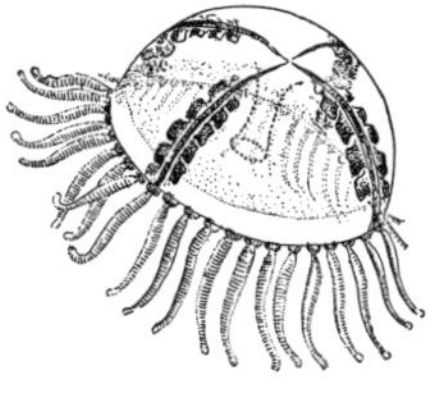

Der Schmerz der Schmerzlosen

Puerto Malabrigo, 2001 | Steve-O steht an einem Strand in Peru und hat ganz offensichtlich Schmerzen. Das Mitglied der *Jackass*-Crew, die in den Nullerjahren bei MTV mit viel Erfolg möglichst waghalsige Stunts möglichst dumm ausführt, hat noch Sekunden vorher in die Kamera gegrinst: »Diese peruanische Sonne lässt einfach nicht nach. Könnte ich doch bloß einen Quallen-Sombrero tragen! Aber wo finde ich so einen hier?« Die Frage ist rhetorisch, der Rest weniger: Steve-O greift sich im hüfttiefen Wasser eine der südamerikanischen Kompassquallen (*Chrysaora plocamia*), die gerade massenweise stranden, und knallt sie sich tatsächlich wie einen XXL-Sombrero auf den Kopf. Der Schirm dieser Art misst zwischen fünfzig und sechzig Zentimetern, ihre vier Mundfühler, die neben den Tentakeln algenähnlich vom Körper herabhängen, können bis zu drei Meter erreichen. Wenige Szenen später muss ein armer Assistent ihm eine arme Qualle mehrmals ins Gesicht hauen; man weiß nicht so recht, wen von den dreien man am meisten bemitleiden soll. Steve-O brüllt »Oh!« und »Ah!« und stelzt durch die Brandung wie ein oberkörperfreies Rumpelstilzchen. Der legendäre Hinweis zu Beginn jeder *Jackass*-Folge, dass alle Szenen in der Sendung »von Professionellen ausgeführt« oder »unter der Aufsicht von Professionellen durchgeführt« werden, wirkt etwas hohl beim Anblick der Aufnahme. Zu einem guten Stunt gehört freilich die Übertreibung, daher schreit Steve-O gefühlt etwas zu laut in Anbetracht der eher schwachen Nesselzellen, die diese Kompassqualle besitzt. Nicht alle Quallenarten verfügen über ausreichend starke Nesselkapseln, um die menschliche Haut zu durchdringen; bei etlichen ist das Gift zu schwach, um überhaupt Reaktionen hervorzurufen.

Die *Chrysaora plocamia* ist in südamerikanischen Gewässern weitverbreitet, sowohl in den atlantischen als auch in den pazifischen Regionen. Sie ist im sogenannten Humboldtstrom ebenso anzutreffen wie im Patagonischen Schelf, zwei Large Marine Ecosystems (LME), speziell ausgewiesenen Seegebieten in Küstennähe, die durch eine hohe Biodiversität gekennzeichnet sind und jeweils spezifische ökologische, hydrografische und meteorologische Eigenschaften aufweisen. In den beiden genannten Zonen werden ungefähr fünfzehn Prozent des weltweiten Fischfangs erzielt. Im Hinblick auf die wirtschaftliche Bedeutung lohnt es sich also, die Kompassqualle im Auge zu behalten. Ihre Populationen schwanken dort nämlich parallel zu den Beständen an Sardinen beziehungsweise Anchovis. Deren Populationen sind wiederum gekoppelt an die sogenannte Pazifische Dekaden-Oszillation, ein Wetterphänomen, das über einen Zeitraum von zwanzig bis dreißig Jahren jeweils eher warme oder kalte Phasen bedingt. Je wärmer es ist, umso mehr Sardinen (und Quallen) treten auf. Wird es kälter, sinken deren Populationen, während die Anzahl an Anchovis zunimmt. Seit Mitte der 2000er-Jahre wächst die Population der *Chrysaora plocamia* wieder an, 2012 machte die Art im Sommer rund vierzig Prozent des oberflächennahen Fangs aus.

Die hohe Anzahl an Medusen führt zu Problemen, die weltweit ähnlich sind: Netze und Zuläufe verstopfen, während die

Nesselkapseln den gefangenen Fisch ungenießbar machen. Weiterverarbeitungsfabriken verweigern die Annahme des Fangs, wenn er eine bestimmte Menge an Quallenmasse enthält. Aquakulturen, in denen etwa Lachs gezüchtet wird, stehen vor anderen Schwierigkeiten. Wenn Quallen durch die Strömung an die unterseeischen Gitter gedrückt werden, zerreißen sie. Einzelne Körperteile, unter anderem die Tentakel, gelangen durch die Käfignetze. Die nach wie vor aktiven Nesselkapseln paralysieren anschließend auf kleinstem Raum die Lachse, lähmen unter anderem ihre Kiemen, sodass die Fische zu Zehntausenden ersticken. An den Streben der Käfige können sich zusätzlich Polypen festsetzen und gleich vor Ort die nächste Gefahrenladung produzieren. Auch der Tourismus ist betroffen: Werden die Medusen regelmäßig an Strände geschwemmt, traut sich schlimmstenfalls nur noch Steve-O dorthin.

Ähnlich gekünstelt, wenn auch adretter als beim waghalsigen Idiot vom *Jackass*-Dienst klingt der Schmerz, den die Qualle in Julius Lohmeyers 1869 veröffentlichtem Kinderbuch *Die Reise in's Meer* verursacht:

Weh! Wie tausend Nesseln brennt's
Durch des Fröschleins Glieder;
Und in tollen Sprüngen rennt's
Quackend auf und nieder.

Etwas milden Flunderlaich
Legte da die Tante
Auf die frische Wunde gleich,
Bis sie nicht mehr brannte.

Flunderlaich? Essig, Urin, Rasierschaum? Was hilft denn nun gegen die Nesseln, die bei Menschen zumeist leichte Verbrennungen und Ekzeme auslösen, die im Normalfall nach wenigen Stunden abklingen und in Intensivfällen zu Übelkeit, Kopf- und Muskelschmerzen, Erbrechen und Kreislaufbeschwerden führen können? Unterschiedliche Gifte sind dabei je nach Art am Werk: Die Toxine können rote Blutkörperchen auflösen beziehungsweise verklumpen lassen, zusätzlich können sie korrosiv wirken, Hautgewebe sowie Zellen absterben lassen und Allergien verursachen.

Tatsächlich ist Essig ein probates Mittel, um leichte Wunden zu versorgen, nachdem die Tentakelreste vorsichtig entfernt wurden, ebenso wie eine Paste, die zur einen Hälfte aus Backnatron und zur anderen Hälfte aus Meerwasser gemischt wird. Urin hingegen ist nicht hilfreich, ganz im Gegenteil: Weil Frischwasser enthalten ist, kann er den Effekt sogar verstärken – genauso wie Alkohol oder alkoholhaltige Präparate. Im *US Navy Diving Manual* wird gleichermaßen abgeraten von: Papayasaft, Fleischweichmacher, Abreibung mit trockenem Sand, Zucker, Salz, Puder.

Bis 1996 sind einer Zählung zufolge weltweit etwas mehr als hundert Menschen durch Quallenstiche gestorben, darunter nahezu siebzig in Australien, wo Würfelquallen besonders verbreitet sind. Die Zahl ist aber mit Vorsicht zu genießen: Verlässliche Statistiken für Länder wie Thailand, die Philippinen und Papua-Neuguinea sind selten; selbst wenn Quallenstiche aufgeführt werden, umfasst die Zählung oft nur Touristen und lässt Einheimische außen vor. Arten wie die Irukandji-Qualle (*Carukia barnesi*) und die Seewespe (*Chironex fleckeri*) sind maß-

Als wären sie unterseeische Vögel, schweben die Quallen in der Gravur aus Jules Vernes Roman 20 000 Meilen unter dem Meer *(1869–1870) über die Taucher hinweg.*

geblich dafür verantwortlich, dass das Tier oft durch die Bank als hochgiftige Gefahr betrachtet wird. Besonders die zuerst genannte Art mit ihrem transparenten Körper, einem Schirmdurchmesser von einigen wenigen Zentimetern und Tentakeln von bis zu einem Meter Länge wird gerne als Todfeind der Badenden dämonisiert. Zwar besitzen beide Arten tatsächlich effiziente Gifte, die, sind sie erst einmal in das Blutgefäßsystem des Menschen eingetreten, rasch besonders gefährliche Reaktionen hervorrufen können: Atemnot, starke Krämpfe und Schmerzen, erhöhter Blutdruck, der zu Lungenödemen führen kann, schließlich Herzversagen oder ein Schlaganfall. Das sogenannte Irukandji-Syndrom führt aber nur in den wenigsten Fällen zum Tod. Ein Drittel der Gestochenen hat lediglich leichte Symptome wie Hautreizungen; zwei Drittel sind starken Schmerzen ausgesetzt, die einen Krankenhausaufenthalt erfordern, indes nur selten zu lebensbedrohlichen Komplikationen führen.

Ein Tier, das einen solchen Schmerz verursachen kann, ist eine Zumutung. Doch ein Tier, das einen solchen Schmerz verursachen kann, ohne selbst welchen zu verspüren, ist eine Ausnahmeerscheinung, um nicht zu sagen: eine Anmaßung. Quallen besitzen kein zentrales Nervensystem, das nötig wäre, um negative Reize auszuwerten und die Art von »Schmerz« wahrzunehmen, den etwa der Mensch bei bestimmten Einwirkungen empfindet. Aber das heißt nicht, dass sie allem gegenüber unempfindlich sind. Denn über Nervenzellen, die sich in der äußeren Gewebeschicht befinden, können die Tiere sehr wohl Stimuli wahrnehmen und entsprechend darauf reagieren, wie der Biologe George Romanes in der zweiten Hälfte des 19. Jahrhunderts herausfindet. Er forscht auf dem Gebiet der Nervenkunde bei primitiven Organismen wie Schwämmen und Quallen und gilt als ein Pionier bezüglich Fragen der Neurologie sowie des Bewusstseins bei Tieren. 1885 veröffentlicht er seine Studie *Jelly-fish, star-fish and sea urchins: being a research on primitive nervous systems*.

Wenn Adelbert von Chamissos anfangs erwähnte Publikation *Reise um die Welt* ein Dokument des wissenschaftlichen Staunens ist, so ist Romanes' Studie ein Dokument des wissenschaftlichen Genusses. In den 1870er- und 1880er-Jahren verbringt Romanes sechs Sommer damit, in einem Labor an der schottischen Küste seine Untersuchungen voranzutreiben. Er ist der Auffassung, dass die Beschäftigung mit wirbellosen Tieren am Meer angenehmer sei als jene mit Wirbeltieren in einem Stadtlabor. Es gleiche, schreibt er im Vorwort, »dem Vergnügen eines Picknicks über Monate hinweg, egal ob man mit Musselin-Netzen nach Oberflächenfauna fischend über das sonnige Meer segelt, ob man fern des Ufers fährt, um nach anderem Material zu fischen, oder ob man wiederum Beobachtungen in den kühlen Meerwasserbecken und Glasglocken einer kleinen, aber feinen, der Meeresbrise ausgesetzten Holzwerkstatt anstellt.« Es erfordere »einige Bemühung, sich selbst davon zu überzeugen, dass die Beschäftigung tatsächlich mehr ist als reines Vergnügen«.

Maude Delap hat ihr *Department*, Hirohito sein Palastlabor, Romanes sein Sommerdomizil. Er ist insbesondere an neurophysiologischen Fragen interessiert, die damals noch ungeklärt sind: Verfügen Quallen überhaupt über Nerven? Inwiefern können sie Reize verarbeiten? Und sind dafür mentale Kapazitäten vonnöten? Bevor es richtig losgeht, sollte wohl noch erwähnt werden, dass Romanes Quallen mag – sehr sogar. Sie seien »zweifellos die delikatesten und reizendsten Kreaturen dieser Welt«, er bewundere ihre »absolute Schönheit«. Sie bei lebendigem Leib zu zerschneiden, stelle dennoch kein Problem dar: »Sie sind«, schreibt er, »in der Organisationsform beträchtlich niedriger als eine Auster, und keines der von mir an ihnen durchgeführten Experimente hatte so viele offene Wunden zur Folge wie die, die verursacht werden, wenn man eine Auster öffnet und sie lebendig verspeist, nachdem man sie natürlich reichlich mit Pfeffer und Essig versehen hat. Sollte daher jemand töricht genug sein, meine Experimente mit dem Verweis auf Tierversuche abzulehnen, dann ist diese Person in der noch viel stärkeren Verpflichtung, die kulinarische Verwendung von Austern abzulehnen.«

Für seine Untersuchungen bei lebendigem Leib greift Romanes auf zwei Arten zurück, die in den Sommermonaten in hoher Anzahl vor Ort verfügbar sind: *Sarsia tubulosa* und *Aurelia aurita*. Um herauszufinden, inwiefern Stimuli wie Kneifen, Ziehen und Pieken durch den Körper weitergegeben werden, schneidet er Exemplare mal spiralförmig zu, sodass der Körper den Kringeln einer Mandarinenschale gleicht. Mal ritzt er sternenförmige Ausbuchtungen in das Gewebe und entfernt Tentakel, Mundarme sowie Einzelsegmente im Schirminnern. In einem Kapitel seiner Studie schildert Romanes, wie die lokomotorische Reaktion der Tiere ausfällt, wenn sie unterschiedlichen Giften ausgesetzt sind. Bei Chloroform beobachtet er den »Schwund der Spontaneität« sowie eine »singuläre lokomotorische Kontraktion des Schirms beim Kneifen eines Tentakels«,

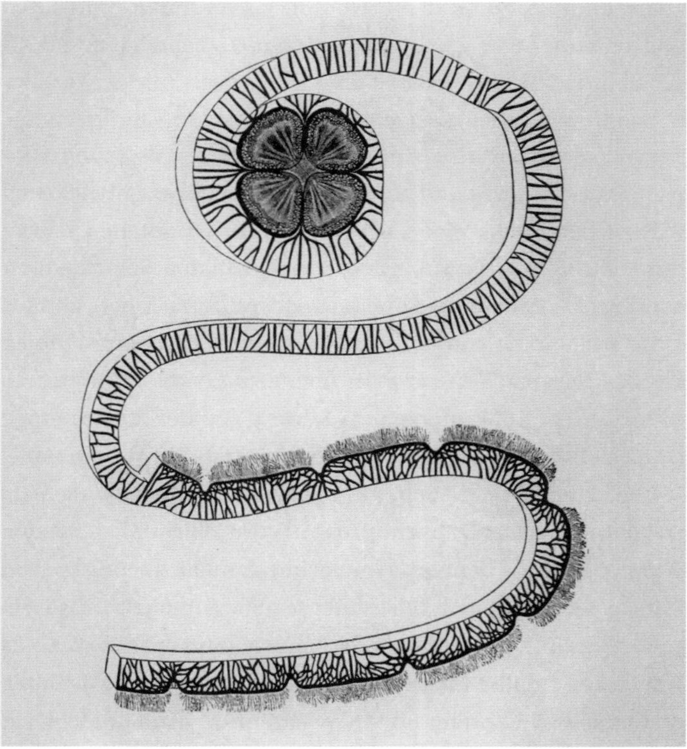

Portrait der Qualle als Mandarinenschale: Im Rahmen seiner Studien fertigt der Biologe George Romanes 1885 Zeichnungen seiner martialischen Experimente an.

bei Strychnin eine »wachsende Irregularität der Pulsbewegung bis hin zu Spasmen und extremer Deviation vom üblichen Rhythmus«, und bei Morphium die »allmähliche Abnahme der Stärke und Häufigkeit der Pulsbewegungen«, später dann »keinerlei Reaktion auf jegliche Formen der Stimulation«.

Am Ende, nach all der Frivolität, nach all dem Einfrieren und Auftauen, Vergiften und Entgiften, Zerschneiden und Abschälen, steht für Romanes eine Erkenntnis, die einem heute banal erscheinen mag. Damals aber ist sie bahnbrechend: Nervenfasern durchziehen den Körper dieses als primitiv kategorisierten Tieres und ähneln jenen von höher entwickelten Wirbeltieren. Selbst einen labyrinthisch zerschnittenen Schirm durchläuft der Reiz, solange es einen intakten Schirmaußenbereich gibt, der eine der Rhopalien, der Sinneskolben, enthält.

Im August 1877 unterrichtet Romanes den befreundeten Charles Darwin in einem Brief über seine Fortschritte und erwähnt, einen Kollegen namens Edward Schäfer zu sich eingeladen zu haben: »Möglicherweise könnte das Mikroskop etwas zeigen, daher habe ich Schäfer gebeten herunterzukommen, da er, so weiß ich aus Erfahrung, das ist, was Spiritualisten einen ›Empfindsamen‹ nennen – immerhin kann er die Geister von Dingen sehen, wo andere scheitern. Aber dennoch: Falls er irgendetwas in Aurelias Glibber erkennen kann, werde ich es als den besten Fall der Clairvoyance anerkennen, der mir je untergekommen ist.« Schäfer färbt die Nervenfibern mit Goldchlorid ein und macht auf diese Weise deren verästelte Struktur erstmals sichtbar. Es wird noch gut dreißig Jahre dauern, bis der Maler Gustav Klimt, eine Ikone des Jugendstils, in seiner sogenannten Goldenen Phase Gemälde wie *Medizin* (1900–1907) oder *Wasserschlangen II* (1904–1907) anfertigt. Das Handwerk ist ein anderes, die Zielsetzung eine unterschiedliche, aber in der »Clairvoyance«, in der Visualisierung des quasi Unsichtbaren, im Sehen »der Geister der Dinge«, scheinen sich wieder zwei über zeitliche und räumliche Distanzen hinweg zu treffen.

In einer Notiz um das Jahr 1935 verteidigt der Lyriker und Dramatiker Bertolt Brecht die Interpretation von Texten, die er für Kunst hält, in Anbetracht eines weitverbreiteten »lebhaften Widerwillens gegen das, was man das Zerpflücken von Gedichten nennt, ein Heranführen kalter Logik, Herausreißen von Wörtern und Bildern aus diesen zarten blütenhaften Gebilden«. Brecht hingegen ist der Ansicht: »Zerpflücke eine Rose und jedes Blatt ist schön.« Dasselbe gilt laut ihm für Verse. Ähnlich geht George Romanes in seiner Forschung vor, mit der er an jene Schwelle gelangt, an der Ästhetik und Analyse sich spiegeln und Erkenntnisverfahren sich vermengen. Die Vivisektion von Tieren, die er wiederum für Kunst hält, rechtfertigt er dabei so: »Was mich betrifft, so kann ich bezeugen, dass meine Bewunderung der außerordentlichen Schönheit dieser Tiere erheblich verstärkt wurde – oder ich sollte besser sagen, dass die außerordentliche Schönheit sozusagen offenbart wurde durch die stetige und genaue Beobachtung, welche viele meiner Experimente erforderten.« Der eine viviseziert, der andere interpretiert – in beiden Fällen steht am Ende die Schönheit, so brutal sie auch erkauft ist: »Wie ein Künstler, der ein Gesicht oder eine Landschaft studiert«, schreibt Romanes, »habe ich den Punkt erreicht, Schönheit in ihrer Gänze zu würdigen«. Und Brecht assistiert: »Wer das Gedicht für unnahbar hält, kommt ihm nicht wirklich nahe. In der Anwendung von Kriterien liegt ein Hauptteil des Genusses.«

Die wohl folgenreichste Verquickung von Kunst und Wissenschaft nimmt ein Zeitgenosse von Romanes vor, dessen Name wie wenig andere mit der Quallenforschung verknüpft ist. Der 1834 in Potsdam geborene Ernst Haeckel steigt im Laufe der zweiten Hälfte des 19. Jahrhunderts zu einem der angesehensten Zoologen auf und ist maßgeblich an der Verbreitung der darwinistischen Lehre in Deutschland (und darüber hinaus) beteiligt. (Später dienen seine Aussagen und Aufsätze zu Züchtung und Arterhaltung als Referenzpunkte der Eugenik und der sogenannten Rassenhygiene.) Auch Romanes und Schäfer beziehen sich in ihren Schriften auf ihn. Wie sehr Haeckel sich den Meerestieren verschreibt, zeigt sich abseits aller Publikationen und Fachreferenzen wohl am besten an einigen Details seines Privatlebens: Als 17-Jähriger schreibt er seinen Eltern am 31. August 1854 von Helgoland aus, dass sein Tagebuch gerade »weiter nichts enthalten« würde »als immer ein und dasselbe, nämlich meine ungeheure Freude an der See und ihrem Leben, ihren Bewohnern und Geschöpfen, der prachtvollen unvergleichlichen Mannigfaltigkeit der niedlichsten Pflanzen und Tiere und was dergleichen mehr ist«. Die Begeisterung begleitet Haeckel zeitlebens: Tauft Karl May sein Wohnhaus *Villa Shatterhand*, nennt er sein Domizil *Villa Medusa*; und nachdem seine erste Frau Anna Sethe 1864 im Alter von 28 Jahren stirbt – ein Verlust, den Haeckel nie verkraftet –, benennt er eine von ihm identifizierte Art nach ihr: *Desmonema annasethe*. Die Tentakel würden ihn an ihre Haare erinnern.

Im erwähnten Brief an die Eltern ergeht sich der Sohn noch weiter in seiner Lobpreisung der Kleintiere des Ozeans: »Diese hier in der See so gemeinen Dinger könnten durch ihre Schönheit und durch ihren wundervollen Bau, wenn sie mehr beachtet würden, die schönsten Muster für Kunstwerke etc abgeben.« Tatsächlich wird der Meduse die nötige artistische Beachtung in den Folgejahren zuteil, wobei Ernst Haeckel selbst

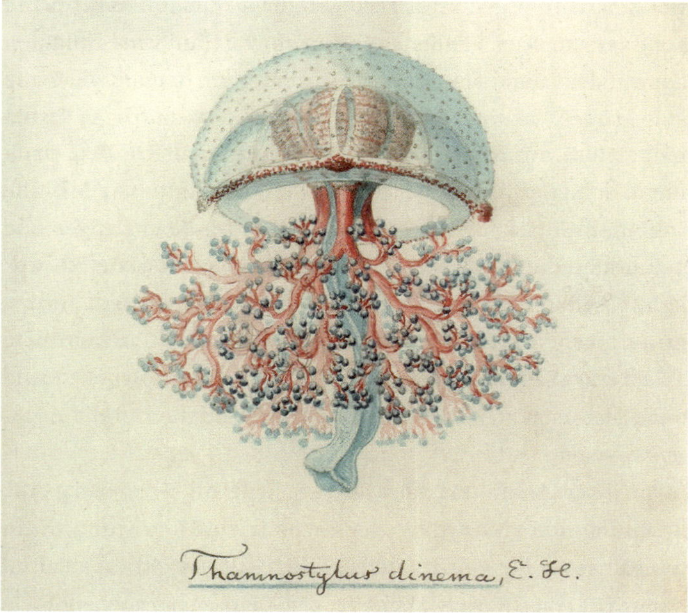

Ernst Haeckel, der von Zeitgenossen als deutscher Darwin betitelt wird, war nicht nur ein prägender Zoologe, sondern auch ein herausragender Illustrator.

maßgeblich Einfluss auf dieses Ästhetisierungsprojekt nimmt. Von ihm erscheinen zwischen 1899 und 1904 in zehn Bänden *Die Kunstformen der Natur*, eine Sammlung von hundert aufwendig gestalteten Drucken. Im Vorwort schreibt Haeckel, dass aus »Nachahmung und Modellierung« der »Naturprodukte« die »bildende Kunst des Menschen« hervorgegangen sei, dass aber den meisten Menschen »jenes unermeßliche Gebiet der niederen Lebensformen, die versteckt in den Tiefen des Meeres wohnen oder wegen ihrer geringen Größe dem unbewaffneten Auge verschlossen bleiben«, noch nicht vertraut wäre. Im Buch, das auf das Laien- wie auf das Fachpublikum damals wie heute eine große Wirkung ausübt, trifft das wissenschaftliche Instrumentarium auf kunsthistorische Traditionen wie den Ornamentstich oder die Arabeske. So entstehen unter der Mithilfe von Adolf Giltsch, der auf Basis von Haeckels Zeichnungen und Aquarellen die Lithografien anfertigt, stark stilisierte Bildwerke. Zu sehen sind Panzerkrebse, die vor schwarzem Hintergrund perfekt arrangiert werden, symmetrisch angeordnete Trichterkraken und Spinnentiere. Auf mehreren Drucken sind auch Medusen zu sehen, darunter Staatsquallen und die *Desmonema annasethe*.

An ihrer Abbildung lässt sich Schritt für Schritt die Entkopplung vom »Naturding« beobachten, eine Bewegung, die in die Kunst, in die Künstlichkeit führt, auch wenn Haeckel im Nachwort die »Naturwahrheit« der Drucke hervorhebt. Wie aber geht die Verwandlung vonstatten? Das Tier ist zuerst ein farbloses Präparat, das nach Europa gelangt, dann eine farbige Aquarellzeichnung, schließlich eine farbprächtige Lithografie. Mitunter reicht die Bildkette sogar einen Schritt weiter: Für unterschiedliche Ausstellungen werden 2016 und 2020 zwei Kunstharz-Modelle der *Desmonema annasethe* geschaffen, die sich an der Illustration aus den *Kunstformen der Natur* orientieren. Wer im Internet nach der Art sucht, findet nur die haeckelsche Version beziehungsweise die Kunstharzversionen, Kopien der Kopie der Kopie des Originals. Aber was ist mit dem »eigentlichen« Tier, das heute als *Cyanea annasethe* bezeichnet wird? Überlagert, verdrängt, untergegangen. Tatsächlich

In Kunstformen der Natur *feiert Ernst Haeckel die Majestät der Quallen. Im Falle dieser Staatsquallen stammt die finale Lithografie von Adolf Glitsch.*

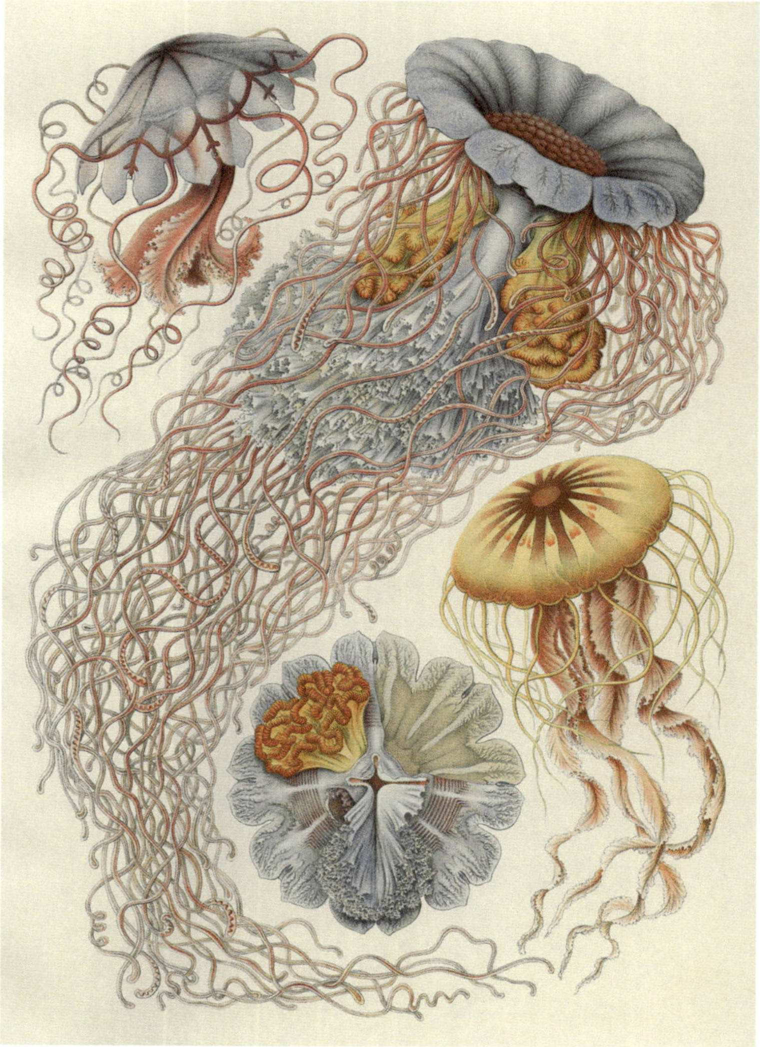

Haeckels Darstellung der Art Desmonema annasethe *ist ein beliebtes Quallenmotiv. Der Name ist eine Hommage an dessen erste, früh verstorbene Frau Anna Sethe.*

gibt es in den Museen und Naturkunde-Sammlungen weltweit bis auf das Jenaer Nasspräparat, das Haeckel als Vorlage dient, kein weiteres konserviertes Exemplar der Art, die mutmaßlich an der Westküste Südafrikas vorkommt. Details zum Lebenszyklus, zur Ernährung und zu den Nesselzellen fehlen. Es ist nicht einmal geklärt, ob es sich dabei nicht um das Jugendstadium einer anderen Art handelt. Eine DNA-Analyse, anhand derer Artverwandtschaften festgestellt werden könnten, ist nicht mehr möglich, da das Präparat eine Zeit lang in hochprozentigem Formol gelegen hat. 1943 wird *Cyanea annasethe* von zwei Forschern denn auch als *species incerta* kategorisiert und damit in eine bizarre Halbexistenz verbannt. Es sagt viel über die suggestive Kraft dieses Tieres aus, dass eines der heutzutage populärsten und millionenfach reproduzierten Quallenbilder auf einer Art beruht, von der bisher vor mehr als hundert Jahren ein einziges und nach wie vor unbestimmtes Exemplar gesichtet wurde – eine Singularität, eine Erscheinung.

Aus Haeckels *Kunstformen der Natur* »rankte sich«, schreibt die Kulturjournalistin Julia Voss, »die neuentdeckte Unterwasserwelt in Europas Städte, auf Plätze, Fassaden, Vorhänge und Gemälde«. Als gestalterische Idee und Formspiel wird sie um die Jahrhundertwende vom Jugendstil und dem Art déco aufgegriffen: »Bald werden die kristallinen Medusen den Glaskelchen ungeahnte Nuancen und Rundungen einhauchen«, verkündet der Kunsthandwerker Émile Gallé 1900 in einer Rede – und setzte die Prophezeiung gleich in seinen eigenen Keramik- und Glasarbeiten um, in geschwungenen Vasen, Schatullen und Lampen. Andere Künstler, ob nun in Holland oder den USA, arbeiteten die opulent präsentierte Formenvielfalt einer idealisierten Natur in Möbel, Glasfenster, Linoleumböden, selbst in Spitzendecken und Stahlkonstruktionen ein. Auch heutzutage inspiriert die Gestalt von Quallen Designer, Tüftler und Ingenieure – und verleitet diese dazu, mitunter eher sonderbare Vorschläge zu unterbreiten. Vor einigen Jahren etwa hat das US Naval Undersea Warfare Center ein Projekt gefördert, um Quallenroboter zu entwickeln, die mit energieschonenden Gleit- und Pulsbewegungen durch die Meere patrouillieren sollen. Ein Prototyp wiegt knapp achtzig Kilogramm und trägt den Namen *Cyro*.

Die gegenwärtige ›Renaissance‹ der Qualle, die die Meeresbiologin Juli Berwald in ihrem Buch *Spineless* konstatiert, reicht glücklicherweise über die militärische Indienstnahme hinaus. Als Design-Accessoire, als Deko-Motiv, grundsätzlich als Symbol des Zeitgeists greift die Qualle seit einigen Jahren immer stärker um sich.

Erneut lässt sich das kalifornische Monterey Bay Aquarium als Schaltzentrale nicht nur in Bezug auf meeresbiologische, sondern auch auf meeresästhetische Initiativen ausmachen. Im Jahr 2004 reichen zwei Studenten der Computerwissenschaften der Universität Stanford eine Seminararbeit ein. Kayvon Fatahlian und Tim Foley wollen, schreiben sie in ihrer Projektbeschreibung, »eine Unterwasserszene modellieren und animieren«, die mehrere Quallen enthalten soll. So wie Leopold Blaschka vor mehr als hundertfünfzig Jahren als Staunender zu dem Tier findet, so geraten auch sie als Faszinierte in seine Fänge. Inspirieren lässt sich das Duo von »eindrucksvollen Fotografien« der Tiere, die im Monterey Bay Aquarium von ultra-

Als Seminararbeit fertigen die Computerwissenschaftler Kayvon Fatahlian und Tim Foley 2004 diese Grafik an. Inspiration finden sie im Monterey Bay Aquarium.

violettem Licht angeleuchtet werden. Während die Blaschkas Spezialöfen, Pinzetten und Glasschneider bedienen, arbeiten die Studenten nun mit Techniken wie dem PBRT (Physically Based Rendering Toolkit), dem Volume Photon Mapping und mit Funktionen wie dem kubisch hermiteschen Spline, um das notorisch vage Geschöpf ins Bild zu setzen. Exakt hundert Jahre nach Ernst Haeckels *Kunstformen* entsteht auf diese Weise eine Bildkette, die erneut ins Artifizielle führt: Ein Tier ist zuerst ein Spektakel im High-End-Aquarium, dann ein Foto in satten Farben, schließlich eine aufwendig gerenderte Grafik. Auch der erstaunliche Doppeleffekt der Hypermedialisierung ist ein ähnlicher: Einerseits ist die Darstellung meilenweit vom Gegenstand entfernt, entstellt ihn sogar durch morphologische Fehler, darunter zu kurze Tentakel und Mundarme sowie zu glockige Schirmformen. Andererseits evoziert die Animation mehr als jede andere Begegnung mit dem Tier den Eindruck einer adäquat diaphanen Erfahrung: Unerreichbar fern flimmert dieses softe Gespenst durch blaue Räume, die wir nie betreten werden.

Die »schönsten Muster für Kunstwerke etc« – was um die Jahrhundertwende als *Vase à la méduse* von Gallé in Pariser Salons landet, als *Wasserschlangen II* von Klimt in Wien ausgestellt wird oder als Lüster *Méduse* von Constant Roux den Ehrensaal des ozeanografischen Museums in Monaco ziert, das landet heutzutage als Sound- oder Video-Installation auf Bildschirmen, gerne in der *Vaporwave*-Ästhetik mit ihren Synthesizerklängen und ihren Stimmungen pastelliger Unbeschwertheit, als Performance auf Festivals, die das multidisziplinäre Qualleninstitut in Düsseldorf ausrichtet, immer häufiger sogar als Lebendexemplar in den Heimaquarien, die auch Laien betreiben können.

Q wie queer

Férolles, 1927 | Lucien Fleuret ist angewidert. Quallen? »Erniedrigte Fauna«, sonst nichts. Die Hauptfigur aus Jean-Paul Sartres Erzählung *Die Kindheit eines Chefs* von 1939 ist als Heranwachsender hin- und hergerissen. Während seiner »Anfälle von Weltschmerz« kommt der Junge sich vor »wie eine launische und flüchtige Wolke, immer gleich und immer anders, immer dabei, sich an den Rändern in die Lüfte aufzulösen«. Mal meint er, »nur eine gallertartige kleine Transparenz zu sein, die auf der Bank eines Cafés flimmert«, mal fühlt er sich »hart und schwer wie ein Stein«. Letztere Zustände sind für ihn die glückseligen Augenblicke, auf die er im Frankreich der späten 1920er seinen Bildungsweg und seine Selbstbeobachtung ausrichtet. An seinem Vater bewundert er denn auch die »breitschultrige« Gestalt, »die schwerfälligen und langsamen Bewegungen« sowie die »grauen, metallischen und kalten Augen eines Chefs«. Nur im Zustand der »ewigen Starre der Steine«, wie Sartre es an anderer Stelle in einem Aufsatz ausdrückt, fühlen sich Menschen wie sein Protagonist wohl: »Sie wollen wie Felsblöcke unerschütterlich und undurchdringlich sein«.

Sartres *Die Kindheit eines Chefs* zeigt, wie Fleurets antisemitische, sexistische und rassistische Weltanschauung von bestimmten Bildern begleitet wird. So wird seinem gesellschaftspolitischen Extremismus der Anschein einer natürlichen Ordnung verliehen – hier die angeblich primitiven Wirbellosen, dort die höher entwickelten Wirbeltiere: »All diese Kanaken schwebten in einem dunklen und schweren Wasser, dessen Strudel ihr wabbeliges Fleisch erschütterte, ihre Arme hob, ihre Finger schüttelte, ein wenig mit ihren Lippen spielte. Die armen Kerle! Lucien hatte beinahe Mitleid mit ihnen. Was hatten sie in Frankreich zu suchen? Welche Meeresströmungen hatten sie hergetragen und hier abgesetzt?« Die Qualle ist in diesem Bestiarium faschistischer Prägung wie selbstverständlich das Gegentier, das Sinnbild einer fremden Masse, die bekämpft gehört und der Stählung der eigenen Menschen- und Tierverachtung dient.

Auch für den Protagonisten aus Christopher Eckers Erzählung *Nashorn, Wombat und Qualle*, der immer noch betrunken im Gartenhaus sitzt, besteht eine Verbindung zwischen Quallen und Gewalt, die sich ihm in einer schlecht verdrängten Kindheitserinnerung offenbart. Sie beginnt wie Alfred Kerrs Feuilleton-Notiz mit Jugendlichen, die an einem Ostseestrand abhängen. Untereinander haben sie sich Tierspitznamen gegeben. Auch der Neue, der in der Untersekunda die Schule wechselt, wird umgetauft: »Qualle schluckte seinen Spitznamen wie Aspirin. Wahrscheinlich fiel es ihm leicht, mit dem neuen Namen zu leben, weil er weder dick war noch irgendetwas Quallenhaftes an sich hatte.« Ein wenig aus Langeweile und ein wenig aus Hormonüberschuss stürzen sie sich später auf den Neuling: »›Ich weiß, was wir jetzt machen‹, rief Kaninchen und warf sich auf Qualle. ›Jetzt wird Qualle paniert!‹« Es endet, wie es in Anbetracht der Rollenverteilung enden muss: »Wombat und Nashorn fixierten Qualle, der sich längst nicht mehr wehrte, Kaninchen rannte zum Wasser, kam nach einer

Weile keuchend mit einem kinderkopfgroßen, nassen, wie ein Seehundfell glänzenden Stein zurück, den er mit langen Armen zwischen den zum O gerundeten Beinen trug, und brach Qualle damit den Arm. Dann zogen wir uns an und fuhren nach Hause.« Eckers Kurzgeschichte ist auch deswegen so einprägsam, weil sie männliches Gehabe gleich doppelt vorführt: einmal in seiner jugendlichen Variante, wenn Heranwachsende sich Selbstbilder von körperlicher Übermacht aneignen; einmal im Ritual des einsamen Sixpack-Besaufens, das es dem erwachsenen Erzähler erst erlaubt, sich mit seinen Erinnerungen auseinanderzusetzen.

Dass die Geschichte der Qualle oftmals eine Geschichte der Gewalt ist, einer »Gewalt, die die menschliche Despotie über die Tiere prägt«, wie der Schriftsteller Mikael Vogel es ausdrückt, das zeigt sich mal in den Experimenten von George Romanes, mal in dem antiken Mythos von der geköpften Medusa und dem Terror, den sie selbst im Tod verbreitet, mal in der japanischen Sage *Die Qualle ohne Knochen*. Als die schwangere Königin eines unterseeischen Drachenreiches schwer erkrankt, weiß der Arzt lediglich einen Rat: Nur eine Affenleber könne sie retten. Der König entsendet die Qualle, die zu dem Zeitpunkt noch über eine solide Gestalt verfügt, um an Land einen Affen zu finden und zu ihnen in den Palast zu locken. Diese aber hat später Mitleid mit dem Tier, das sie beschwatzt und angelogen hat, und verrät ihm den Plan. Der Affe flieht, und die Qualle kehrt affenleberlos zum Palast zurück – wo sie ihre angeblich gerechte Strafe erfährt: »Die arme Qualle bettelte gedemütigt und in sprachlosem Entsetzen um Gnade. Doch dem Befehl des Drachenkönigs musste Folge geleistet werden. Jeder

So farbenprächtig und im Wortsinne einleuchtend stellt sich der Illustrator Zdeněk Burian das Kambrische Meer in Tiere der Urzeit *(erste Auflage: 1956) vor.*

der Palast-Bediensteten brachte unverzüglich einen Stock mit nach draußen und sie umzingelten die Qualle. Nachdem sie ihr die Knochen herausgerissen hatten, verprügelten sie sie zu flachem Brei und trugen sie anschließend vor die Palasttore und warfen sie ins Wasser. Dort ließen sie sie leidend zurück, sodass sie ihr törichtes Geplapper bereuen und sich an ihren neuen knochenlosen Zustand gewöhnen konnte.« Erneut ist die Gewalt an die Kränkung eines Mannes gekoppelt: Weil der König in seinem Herrschaftsanspruch daran scheitert, seine Drachenfrau zu retten, muss die Tatkraft an anderer Stelle kompensiert werden.

Drei Beispiele, eine Richtung: Die Qualle führt einen schnell zu Fragen nach Gewalt und Geschlechterverhältnissen sowie zu so heiklen Themen wie der Leistungsfähigkeit und Gesundheit einer Gesellschaft. In dieser Hinsicht lohnt sich erneut ein Ausflug in die zweite Hälfte des 19. Jahrhunderts. 1880 veröffentlicht der Zoologe Ray Lankester die Studie *Degeneration. A Chapter In Darwinism*. Deren These ist so knapp und klar wie der Titel: »Jede neue Konstellation von Bedingungen, die es einem Tier sehr leicht macht, an Nahrung zu kommen und Sicherheit zu erlangen, scheint in aller Regel zur Degeneration zu führen; gerade so, wie es manchmal geschehen kann, dass ein aktiver, gesunder Mann degeneriert, wenn er plötzlich in den Besitz eines großen Vermögens kommt; oder wie Rom degenerierte, als es in den Besitz der Reichtümer der antiken Welt kam. Die Gewohnheit des Parasitismus wirkt eindeutig in dieser Weise auf die tierische Organisation. Ist das parasitäre Leben erst einmal gesichert, gehen Beine, Kiefer, Augen und Ohren dahin; aktive, hochbegabte Krabben, Insekten oder Ringelwürmer können zu einem bloßen Sack werden, der Nahrung absorbiert und Eier legt.«

Auch wenn Lankester seine Fallbeispiele im Tierreich findet, ist es für ihn nur eine Frage des argumentativen Geschicks – und nicht der ethischen Implikation oder analytischen Stringenz –, das Konzept der Degeneration auf seine unmittelbare Umwelt anzuwenden. Es geht dann schnell nicht mehr um biologische, sondern um soziale und moralische Belange: »In dieser Hinsicht haben wir zumindest Anlass zur Sorge, dass wir degeneriert sein könnten. Womöglich treiben wir alle dahin und nähern uns immer weiter dem intellektuellen Zustand von Rankenfußkrebsen oder Seescheiden an.« Zwar bezieht sich Lankester in seiner Studie nicht auf Quallen, weil sie seiner These gar nicht entsprechen. (Sie waren ja, so die damalige Auffassung, immer schon primitiv.) Gleichzeitig bilden sie – wie später in Sartres Fiktion – die morphologische Grundlage seiner Schreckensvision, handelt es sich bei ihnen doch um das Tier, das seine These vereindeutigt – nicht als Argument, sondern als Allegorie.

Wie eine erzählerische Verarbeitung von Ray Lankesters (wissenschaftlich längst widerlegter) Theorie liest sich H. G. Wells' fünf Jahre später erschienener Roman *Die Zeitmaschine*. Dort reist ein Wissenschaftler durch die Zeit und landet schließlich in einer Zukunft, in der sich das gesellschaftliche Miteinander, ja die Menschheit selbst stark verändert hat. Im Jahr 802701 betritt er eine segregierte Welt. Auf der einen Seite stehen die Eloi, »sehr schöne und anmutige« Geschöpfe, die dem Protagonisten »unbeschreiblich zerbrechlich« vorkommen und ihn »mit kleinen, weichen Tentakeln« anfassen. Ihm erscheinen sie als androgyn: Sie tragen »alle die gleichen, weichen haarlosen Gesichter« und zeigen »die gleiche mädchenhafte Rundung der Gliedmaßen«. Auch in der Art, wie sie sich kleiden, sind »diese Leute der Zukunft« in den Augen des Zeitreisenden gleich: Menschen in Quallenform, Quallen in Menschenform. Auf der anderen Seite stehen die Morlocks, die unter Tage leben und grobkantige Gesichter haben. Ihre gräuliche Haut reflektiert das Sonnenlicht, ihr Körper ist behaart. Später irrt sich der Protagonist der *Zeitmaschine* bei der Eingabe der Jahresdaten und reist mehr als dreißig Millionen Jahre in die Zukunft. Die Eloi und Morlocks, Nachfahren der Menschen, sind längst verschwunden. Statt ihrer erblickt die Hauptfigur das, was aus ihnen geworden ist – die letzte Lebensform des Planeten, den Schlusspunkt der Degeneration: »Als ich so krank und verwirrt dastand, sah ich wieder das sich bewegende Ding auf der Sandbank – jetzt war kein Irrtum möglich, es bewegte sich – vor dem roten Wasser des Meers. Es war ein großes, rundes Ding, etwa von der Größe eines Fußballs, vielleicht auch größer, und Fühler hingen von ihm nieder; gegen das wogende, blutrote Wasser erschien es schwarz, und es hüpfte ruckweise umher. Dann fühlte ich, dass mir die Kraft verging. Aber eine furchtbare Angst davor, hilflos in dem fernen und entsetzlichen Zwielicht liegen zu bleiben, half mir, als ich in den Sattel kletterte.«

Die »furchtbare Angst«, das ist die treibende Kraft, die innerhalb des Buchs zur Rettung des Protagonisten führt – und außerhalb desselben zur Rettung der Gesellschaft beitragen soll. Lankester und Wells legen zwar unterschiedliche Akzentuierungen, etwas aber eint ihre Texte: Es sind sozialreformerische Weckrufe, um eine Gesellschaft um ihrer Gesundheit

2014 lässt der Karikaturist Michael Sowa Vladimir Putin eine Qualle erschlagen. Sie steht für die LGBTQ-Community, die in Russland Repressalien ausgesetzt ist.

willen zu trimmen. Wenn sie nicht auf sich achtgibt, so lautet die biopolitische Beweisführung, wenn sie sich dem Müßiggang hingibt und sexuell und ökonomisch fragwürdige Lebensstile ausbildet, dann ist die Grenze überschritten und der Niedergang vorgezeichnet – von der Potenz zur Untauglichkeit, von der Höhe einer Zivilisation zu den Tiefen bloßer schleimiger Existenz. Wirbelsäule ade, Menschenwürde ade, Fortschritt ade.

Erneut ist es ein Leichtes, aus der Geschichte und der Fiktion in die Gegenwart zu driften. Denn die Art und Weise, wie mit der Qualle Symbolpolitik betrieben wird, hat sich nicht grundlegend verändert, sondern lediglich ausdifferenziert. So wird sie auch heute gerne angeführt, um den Gegensatz tough versus schwach beziehungsweise geordnet versus instabil zu bebildern. Anlässlich des Vorgehens der russischen Regierung gegen LGBTQ-Gruppen im Jahr 2012 fertigt etwa der Zeichner Michael Sowa eine Karikatur an. Zu sehen ist ein oberkörperfreier Wladimir Putin am Strand, das stürmische Meer im Hintergrund, eine rosa- und türkisfarbene Qualle vor sich. Mit durchgestrecktem Rücken und einem Schwert in den Händen holt er zum Schlag aus. Hier steht er mal wieder und kann nicht anders, Sartres Prototyp des kernigen Kerls, der sich ein Opfer nach seinem Geschmack herbeiimaginiert.

Zugleich wird die Qualle mehr und mehr zum queeren Wappentier idealisiert: indeterminiert, radikal soft, fluide. Das Gespräch des Kolumnisten Dan Savage, der 2011 einen Gast über dessen Asexualität befragt, dürfte dabei noch an der Grenze zwischen Irritation und Affirmation liegen. In seinem beliebten sexpositiven Podcast gibt Savage seinem Gegenüber nämlich einen ziemlich merkwürdigen Rat mit auf den Weg: »Wenn du dich als ein kohlenstoffbasiertes Lebewesen, als ein Wirbeltier vorstellst und du zulässt, dass Leute annehmen, du wärest ein Wirbeltier, weil fast jeder Mensch nun mal eins ist, dann hast du die Verpflichtung, die Angabe zu machen, dass du eigentlich eine Qualle bist.«

An anderen Stellen wird das Tier längst in Stellung gebracht, um heteronormative Standards zu hinterfragen oder patriarchale Anschauungen zu kritisieren. Das zeigt sich in Namensgebungen wie der Initiative ›*Queer*-Feministischer Austausch für alle‹ (kurz: *QuAlle*) an der Universität Mainz ebenso wie

2016 anlässlich der Eröffnungsgala der Lesbisch Schwulen Filmtage in Hamburg, bei der eine Quallen-Tanz-Performance aufgeführt wird. Als »elegant und wehrhaft« werden die Tiere dabei gefeiert, »mit fließender Identität und trotz widriger Bedingungen Schwärme bildend«. Und in Ronya Othmanns Gedicht *[man muss daneben liegen]* heißt es:

sich üben im daneben liegen. eine saumverschiebung, mit
bienen zum beispiel, nie binnen, binnen innen i. binnen bienen,
eine qualle
zum beispiel, die braucht sich nicht zu entscheiden.

Wobei: Nur ein Bruchteil der bekannten Quallenarten ist hermaphroditisch, der große Rest hingegen klar getrenntgeschlechtlich, besitzt also jeweils männliche oder weibliche Keimdrüsen. Aber symbolischer Chic schlägt mitunter nun einmal biologische Präzision.

Insgesamt ist in diesen und anderen Fällen eine Imagination am Werk, die das Tier als queere Denkfigur einspannt und sich hierfür ganz allgemein auf dessen Form, teils asexuelle Fortpflanzung und metagenetische Lebenszyklen beruft. Mal ist sie ein Polyp, dann eine Larve, schließlich eine Meduse. Mal ist sie ein Ballon, dann ein Schlauch, schließlich ein Schirm. Zu der bereits beschriebenen geschlechtlichen Reproduktion mit den unterschiedlichen Stadien tritt die ungeschlechtliche Vermehrung durch Replikation. Bei bestimmten Arten kann sich die adulte Meduse teilen: Zuerst werden zwei Mägen gebildet, anschließend spaltet sich das Tier in zwei Exemplare auf. Polypen wiederum können sowohl wurzelähnliche Ausläufer bilden, die zu genetisch identischen Polypen heranwachsen, als auch reiskornkleine, ummantelte Kapseln auf festem Grund hinterlassen, aus denen sich neue Polypen entwickeln. Später, nach der Strobilation, sind diese zwar erschöpft, können aber bei guter Nahrungs- und Temperaturlage über Jahre hinweg produktiv sein und sich klonen und sich abschnüren und sich klonen und sich abschnüren. (Eine 1935 angelegte Polypen-Kolonie wurde bis mindestens 2013 wissenschaftlich betreut.) Rippenquallen hingegen sind bis auf einige wenige Ausnahmen zwittrig und verfügen sowohl über männliche als auch über weibliche Keimdrüsen. Dennoch geht ihre Fortpflanzung geschlechtlich vonstatten; zur Selbstbefruchtung kommt es nur bei einer Gattung des Stamms.

»Die Chance zu changieren«, so drückt es die Philosophin Elisabeth Schäfer aus, wenn sie im Rahmen ihrer feministischen Studien über Quallen nachdenkt. Queer ist, schreibt denn auch Karen Barad, als wolle sie mit ihrer Definition eigentlich ein Portrait dieses Tieres vorlegen, »ein lebendig mutierender Organismus, eine begehrende radikale Offenheit, eine kantige, proteische, differenzielle Vielheit«. Konventionelle Konzepte rund um Identität, Authentizität und Individualität werden so umgeschrieben, destabilisiert, entfestigt. »Als Metapher für ein in die Welt hineinreichendes Dasein«, wie Lambert Wiesing es formuliert, lässt die Qualle Sartres Stein porös werden. Die Körperpanzer werden rissig, die Sicherheiten brüchig. Alles flirrt, alles wabert, alles ist möglich.

Vor diesem Hintergrund liest sich der Roman *Die Geißel des Himmels* der Autorin Ursula Le Guin wie eine Antwort auf Sartres Erzählung *Die Kindheit eines Chefs*. Er erscheint 1971 und erzählt von einer alternativen Zukunft, in der der Protagonist

Im Kinderbuch Die Reise in's Meer *(1869) von Julius Lohmeyer bestaunen der Frosch und die Schildkröte das Toben der Meeresbewohner.*

George Orr durch seine Träume die Realität verändern kann, zum Guten ebenso wie zum Schlechten. Zur Behandlung seiner psychischen Auffälligkeiten wird er zu Dr. Haber geschickt, einem eloquent grobschlächtigen Arzt, der sich Orrs Fähigkeit zu eigen macht, um angeblich eine bessere Welt zu schaffen, sauberer, friedlicher, gesünder. Tatsächlich aber wird sie durch dessen Eingriffe nur schlimmer, brutaler, eindeutiger. Beide Figuren stehen sich diametral gegenüber, hier der »schwache und charakterlose« George Orr mit seiner »ergebenen, passiven Haltung, die feminin, fast schon kindlich« wirkt, in Habers Augen ein »passives Nichts von einem Mann«; dort »der starke, tatkräftige, positive Mann« mit seinen »Großtatenträumen«, der als »breitschultrig, lockenbärtig« beschrieben wird, »seine Brust gewölbt und die Stirn gerunzelt«.

Lucien Fleuret versus die »Kanaken«, Putin versus die LGBTQ-Community, Dr. Haber versus George Orr – der Kampf wiederholt sich. In Anbetracht der Personenbeschreibungen ist es wenig verwunderlich, dass Le Guin die Qualle gleich zu Beginn des Romans in einem Traum auftauchen lässt: »Von der Strömung getragen, von Wellen herumgewirbelt, im Sog der geballten Macht des Ozeans treibt die Qualle im Abgrund der Gezeiten.« Ihr Driften entspricht Orrs Bewegungsprofil und Entscheidungsfindung – für Dr. Haber eine charakterliche Schwäche, für seinen Patienten ein Überlebensmodus, um es halbwegs unbeschadet durch die feindselige Umgebung zu schaffen. »Wir sind in der Welt«, sagt er an einer Stelle, »nicht dagegen. Es funktioniert nicht, wenn man versucht, außerhalb der Dinge zu stehen und sie auf diese Weise zu manipulieren«. Freiheit wird in Le Guins Roman nicht als souveräne Autonomie betrachtet, auch wenn Dr. Haber das so vehement vorlebt, sondern als Offen- und Verbundenheit, als ökologische Verschränkung. Die Erkenntnis, »ganz und gar mit der Welt« verbunden zu sein, entbehrt rhetorisch zwar nicht einer gewissen One-World-Esoterik, ist letztlich aber einer Ethik der Bezogenheiten verpflichtet, die Le Guin 1971 literarisiert und die in Zeiten der Klimakrise gefragter denn je ist.

»Darum geht es für mich: Die Dichte der Interaktionen anzuerkennen, um Möglichkeiten des Weitermachens im Angesicht des möglichen Verlusts, der Ausrottung zu schaffen«, so formuliert Donna J. Haraway ihren Standpunkt in einem Gespräch. Es überrascht daher nicht, dass die emeritierte Professorin für Wissenschaftsgeschichte und feministische Studien regelmäßig auf Ursula Le Guins Romane verweist. Haraways Schlagwort eines tentakulären Denkens, das sie in ihrem 2016 veröffentlichten Buch *Unruhig bleiben* prägt, entspricht George Orrs Charakter ganz gut, so *embedded* treibt er durch seine Welt. »Fingernde Wesen, beispielsweise Menschen und Waschbären«, schreibt Haraway, »Tintenfische, Quallen, neuronale Extravaganzen, faserige Gebilde, Peitschenwesen«, alle sollten sie in der Tentakularität zusammenfinden, in einer Solidarität, die die Spezies des Planeten versöhne und die Vorrangstellung des Menschen hinterfrage. Laut diesem Konzept, das halb begrifflicher Lifestyle, halb posthumanistische Vision ist, »verbinden und entbinden sich« die Tentakulären: Sie »machen Schnitte und Knoten; sie machen Unterschiede; sie weben Pfade und Konsequenzen, aber keine Determinismen; sie sind gleichzeitig offen und verknüpft«.

Am Ende von Le Guins Roman heißt es über Orr, vielleicht

auch allgemein über den zukunftsfähigen Menschen, er sei »kurzlebig, fleischig, ohne Panzer, ein seltsames, unendlich verwundbares Wesen, das in den Strömungen des Möglichen dahintrieb«. So unterschiedlich kann die Lage interpretiert werden. Mal steht die Strömung für eine gefahrenvolle Dynamik, die das angeblich Fremde und Degenerierte an Land schwemmt, Phänomene, gegen die man sich zur Wehr setzen muss. Mal steht sie für die Gelegenheit, als Drifter nicht verletzt, sondern berührt, verbunden und verwandelt zu werden: »Hören wir auf«, proklamiert der Schriftsteller Rudi Nuss in der Nachfolge Haraways und Le Guins, »in politischer Ökonomie und zweckorientiertem Individualismus zu denken – schauen wir auf die Quallen in den Gezeiten. Lang lebe das Zeitalter der Qualle, das Cnidariazän!«

Letztlich zeigt sich in diesem Tier, zeigt sich in der Art, wie der Mensch sich verortet und wie offen oder verschlossen er sich gibt, welches Bild er sich macht – von sich selbst, von anderen Lebewesen und vom Zusammenhang, in den er sich stellt. Will er ein Romantiker des ökologischen Zeitalters sein, der das Weite und Offene sucht und dabei der Überzeugung ist, aus der spekulativen Metapher des Tentakulären ließe sich tatsächlich eine politische Praxis entwickeln? Jemand, der neue lebensweltliche Bündnisse knüpft, um dann doch Gefahr zu laufen, alte ideologische Kämpfe etwa gegen den Individualismus und Kapitalismus auszutragen? Oder hält er sich eher an eine imaginative Nüchternheit, nicht aus konservativen Gründen, sondern weil er auf der Hut ist vor der »endlosen Elegie über einen verlorenen unentfremdeten Zustand«, wie es der Philosoph Timothy Morton anmerkt? Jemand, der skeptisch ist in An-

Ein Aquarium ohne Quallen ist auch keine Lösung. Plakat des staatlichen Kunstprojekts Work Project Administration, *Pennsylvania, 1937.*

betracht jener »Vorstellungen von *Natur*«, wie Morton weiter polemisiert, »die die Herzen höher schlagen und das Denken aussetzen lassen«?

Vielleicht muss man gar nicht in diese Debatten des Ecocriticism einsteigen, in denen darüber gestritten wird, wie sich Mensch-Umwelt-Relationen künstlerisch abbilden und gesellschaftspolitisch verändern lassen. Vielleicht reicht es in dem Fall, nah am Sujet zu bleiben, stellt die Qualle einen doch ohnehin in vielerlei Hinsicht vor Herausforderungen. So sind, um sie als Lebendexemplar zu halten, zylinderförmige Aquarien vonnöten, sogenannte Kreisel-Tanks, in denen bestimmte Wasserströmungen erzeugt werden, damit die Tiere sich wohlfühlen. Um sie zu konservieren, kommen spezifisch abgemischte chemische Lösungen zum Einsatz. Und um sie als Vorbild in eine posthumanistische Weltanschauung einzubetten, gilt es, sie nicht immerzu zum Nutztier des eigenen symbolischen Anliegens zu machen. Denn die Qualle ist sicherlich nicht das andere, das gute Lebewesen, an dem sich der Mensch im Rahmen seines ökologischen Updates auszurichten hat. Sie ist Jägerin und Kannibalin, invasiv und giftig, tödlich und in vielerlei Hinsicht noch unbekannt. Es gibt gute Gründe, ihr nicht zu nah zu kommen – weder körperlich noch rhetorisch. Die Wertschätzung kann schließlich auch darin liegen, die Distanz zu wahren, anzuerkennen, dass unbedingte Nähe nicht nur affirmativ, sondern auch aufdringlich sein kann.

Im Quallenblütenmeer

Dalian, 2017 | Am Liaoning Ocean and Fisheries Science Research Institute in der chinesischen Stadt Dalian läuft ein Pilotprojekt, um eine einzigartige Gefahr abzuwehren: Quallen, die Flugzeugträger und andere Schiffe lahmlegen. Die Vorfälle laufen immer gleich ab. Über die Schächte für das Kühlwasser werden Abertausende der Tiere eingesogen. Ähnlich wie bei küstennahen Entsalzungs- und Kraftwerkanlagen verstopfen sie anschließend die Rohre und legen Teile des Schiffs still. 2006 gerät der atomangetriebene Flugzeugträger USS Ronald Reagan vor der australischen Küste in diese Lage. Die Turbinen erbringen nicht mehr die volle Leistung, das Schiff muss Teile seiner Systeme abschalten. (Eine Anfrage zu dem Vorfall bei der US Navy im Rahmen des Freedom of Information Act war nicht erfolgreich. Es gebe zwar Unterlagen; »aufgrund von Ausnahmen« werde aber auf einer »vollumfänglichen Ablehnung« bezüglich der Freigabe der sensiblen Informationen beharrt.) Für die Schadenfrohen halten Anekdoten dieser Art eine grandiose Pointe bereit: Urzeit schlägt Moderne, der Gallert den Stahl, der Planet die Schaltzentralen des Kapitals und Militärs. Alttestamentarischer kann es dabei kaum werden: Die Quallen blühen und die Menschen sühnen.

Wenn solche Vorkommnisse kolportiert werden, kommt es regelmäßig, wie Karen Barad schreibt, zu einer »Verschmelzung politischer Ängste und naturwissenschaftlicher Neugier«.

Schnell sei von der »gerechten Strafe« die Rede, vom »Vormarsch« einer »unheimlichen Großmacht«, die es auf »noch nicht eroberte Gebiete« abgesehen habe und in Anbetracht der Klimakrise als Agent des nahenden Untergangs porträtiert werde. Der Schriftsteller Tom McCarthy spricht sogar von »wirbellosen Guerilleros«, von »gallertigen Terroristen« und erkennt in den Quallen, die den US-Flugzeugträger außer Gefecht setzen, »eine kritische Masse von Glibber«, die in Umlauf gerät: »Der Glibber überzieht alles, haftet überall an, schwappt zurück …«

Um die komplexe Beziehung zwischen Quallen, Umwelt und Mensch zu illustrieren, bezieht sich die Meeresbiologin Lisa-ann Gershwin in ihrem Buch *Stung!* nicht auf die USS-Reagan-Episode, sondern auf einen Vorfall im Schwarzen Meer. 1982 werden dort mutmaßlich über die Ballasttanks von Handelsfrachtern erstmals gebietsfremde Exemplare der Rippenqualle *Mnemiopsis leidyi*, auch Meerwalnuss genannt, entlassen. Zu dem Zeitpunkt ist das Gewässer, in das fünf große Flüsse münden, durch Überfischung, Übernutzung und Verschmutzung bereits stark beansprucht. Frischwasser wird beispielsweise für die Landwirtschaft abgezweigt, sodass der Salzgehalt zunimmt. Zugleich landen Düngemittel im Meer und fördern dort das Wachstum von Algen. Unter anderem aus diesen Gründen wächst Mitte der 1970er-Jahre die Population der Ohrenquallen rasant an; zu dem Zeitpunkt sind Makrelen – ihre natürlichen Fressfeinde – seit Jahren nicht mehr im Schwarzen Meer anzutreffen. Eine Studie geht davon aus, dass Ende der 1980er-Jahre ganze 62 Prozent des jährlich produzierten Zooplanktons nur von Ohrenquallen verzehrt wurden. Die Ankunft der hühnereigroßen Rippenquallen, die im Laufe der Zeit eine

Population von einer Milliarde erreichen, beschleunigt und intensiviert den Trend einer allmählichen Degradation des Ökosystems, die die Flora und Fauna ebenso betrifft wie die gebietsansässige Bevölkerung. Die Art *Mnemiopsis leidyi* ist nämlich ein sogenannter simultaner Hermaphrodit, der sich selbst befruchten kann, zugleich eine sogenannte euryhaline Spezies, die in Gewässern unterschiedlichsten Salzgehalts überleben kann. Diese und andere Gründe führen dazu, dass die Rippenqualle laut einer Studie aus dem Jahr 1993 – nicht mal zehn Jahre nach dem ersten Erscheinen der Art – 95 Prozent der gesamten Biomasse des Schwarzen Meeres ausmacht. Die mageren fünf Prozent teilen sich alle anderen, darunter Ohrenquallen, Ruderfußkrebse, Sardinen, Anchovis sowie deren Larven und Eier.

Aber es gibt ein Happy End, das bei näherer Betrachtung wohl eher als einmalige glückliche Fügung zu gelten hat. Der Kollaps der industriellen Fischerei führt dazu, dass sich der Bestand an Anchovis allmählich erholt und dadurch die Ausbreitung der *Mnemiopsis leidyi* verlangsamt wird. Durch den Zusammenbruch der Sowjetunion fallen Fördergelder für die Landwirtschaft weg, den Agrarbetrieben steht weniger Dünger (und damit weniger Verschmutzungspotential) zur Verfügung. Qualität und Sauerstoffgehalt des Wassers steigen, verdrängte Fischarten breiten sich langsam wieder aus. Letztlich fängt das alte Spiel von Neuem an: Über die Ballasttanks von Frachtern gelangt die *Beroe ovata* ins Schwarze Meer, eine Quallenart, die andere Medusen frisst, in ihrem unbändigen Hunger sogar die Rippenqualle überbietet und deren Population allmählich zurückdrängt.

Es ist nicht nur in Bezug auf diese Vorkommnisse erstaunlich zu sehen, wie stark Wirtschaft, Politik und Umwelt verzahnt sind, wie schnell alte Balancen in Ökosystemen kippen und neue Abhängigkeiten entstehen, die in ihrer Komplexität nur bedingt überblickt, geschweige denn kontrolliert werden können. Vor diesem Hintergrund ist es auch etwas verständlicher, weshalb das letztlich triviale Narrativ so beliebt ist, mit dem die Qualle zum urzeitlichen Rächer wider die menschlichen Exzesse erklärt wird. Analyse wird hier durch Apokalyptik ersetzt, der Realitätssinn durch ein Ressentiment gegenüber diesen Tieren, die einem noch nie ganz geheuer waren. In so einer Welt ist dann auch Superman gefragt, der mit seinen Superkräften die Superqualle in die Schranken weist. In einem Heft aus dem Jahr 1979 sieht es kurz so aus, als könnte sein Gallertgegner ihn besiegen; je mehr Energie der Held aufbringt, umso stärker wird die Qualle. Es ist eine ökologische Allegorie, die der Gegenwart und ihrem Blick auf die Meduse voll und ganz entspricht: Je mehr Kraft der Mensch aufwendet, um auf die Natur einzuwirken, umso stärker schlägt diese zurück. Im Comic entscheidet Superman den Kampf natürlich für sich. Er erkennt, dass er sich frei von jeder Gewalt und Wut machen muss, dann besitzt sein Gegenüber keine Angriffsfläche mehr.

Zum erwähnten Modus der Faszination gesellt sich jedenfalls immer öfter der Modus des Ekels und der Angst, der in seinem Grundgedanken ähnlich einseitig ist: Wir Menschen waren die Täter, jetzt sind wir die Opfer. Dabei lehrt einen die Qualle, je länger man sich mit ihr beschäftigt, wie nutzlos auch diese binäre Unterscheidung ist. Die Bezüge, wie Lebewesen interagieren, und die Vorstellungen, wie Mensch und Tier sich

In einer Ausgabe des Comics Superman and Aquaman *von 1979 tritt Superman gegen ein tentakuläres Wesen an, das ihm ganz offensichtlich stark zusetzt.*

treffen, erschöpfen sich längst nicht in der Idee, dass der eine erobert und der andere erduldet. Die vielgestaltige Weise, in und auf der Welt zu sein, wird wohl durch kein Tier so körperlich erfahrbar, so eindrücklich repräsentiert wie durch die Meduse, die Gefahr und Gefährdete ist, die alles Mögliche zwischen einer Chance und einem Fiasko sein kann, zwischen dem Schönen und dem Biestigen, zwischen einer Utopie und einer Dystopie.

Die erwähnte glückliche Fügung ist nämlich nicht der Schlusspunkt der Geschichte. Das entspräche zu sehr der Logik von Hollywood, das ja spätestens mit dem Spielfilm *Sphere* unter Beweis gestellt hat, wenig Ahnung von Quallen zu haben. Die Populationen von *Mnemiopsis leidyi* mögen im Schwarzen Meer zurückgegangen sein; in anderen Regionen breitet sich die Art in den letzten beiden Jahrzehnten verstärkt aus, darunter im Kaspischen Meer, im Ägäischen Meer, an der mediterranen Küste Israels, im Ligurischen Meer, im Ionischen Meer und an der mediterranen Küste Spaniens. In diesen Fällen gibt es auch keine zweite Sowjetunion, die mal eben kollabieren kann, um zufällig die Situation zu entschärfen. Lisa-ann Gershwin findet für die skizzierte Ausbreitung der Rippenquallen denn auch eindeutige und ziemlich bizarre Worte. »Es liest sich«, schreibt sie, »wie Tagebucheinträge von Hitlers Armee: die nördliche Route ausprobieren, niedergerungen von der Winterkälte, die südliche Route ausprobieren, Erfolg – immer weiter drängen – immer weitermachen, fast da – das Ziel erreichen, sich verteilen – erobern ... *Mnemiopsis* hat sich in den Meeren des Mediterranen Beckens wie Krebs ausgebreitet – in alle Richtungen ... aggressiv ... tödlich.«

Wie geht man am besten gegen solche Okkupanten vor? Na, klar: erbarmungslos und mit allen zur Verfügung stehenden Mitteln. Auch die Forscher am Liaoning Ocean and Fisheries Science Research Institute in Dalian scheinen sich an das Bild des Aggressors zu halten, das nicht nur die populäre, sondern auch die journalistische, ja selbst die wissenschaftliche Imagination »erobert« hat. Sie legen einen Schredder-Prototyp vor, der die Gefahr bannen soll. Er besteht aus einem trichterförmigen Netz, das mehrere hundert Meter breit ist und an einem Schlepperschiff hängt. Am Ende befindet sich eine Art Püriermaschine, die mit Stahlklingen ausgestattet ist und die

Quallen, die ins Netz geraten, zentimeterklein hackt. Auf diese Weise soll eine sichere, das heißt: tote Trasse entstehen, durch die etwa Flugzeugträger sich gefahrlos bewegen können. Doch muss man weder Ingenieur noch Meeresbiologe sein, um zu ahnen, dass diese Apparatur keine Serienreife erreichen wird. In einem Bericht für die Zeitschrift *Hebei Fisheries* führt das Projektteam unterschiedliche Probleme auf: Geschredderte Tentakelreste werden an Land gespült und gefährden Badegäste. Das Netz tötet natürliche Fressfeinde wie Meeresschildkröten und Haie, kleinere Quallenarten hingegen schlüpfen durch seine Maschen. Selbst bei erfolgter Tötung nach Plan ist das Problem nicht gelöst. Geschlechtsreife Exemplare werfen ihre Eier beziehungsweise Spermien dennoch ab und sichern damit den Populationszuwachs in der nachfolgenden Generation – von den munter vor sich hinarbeitenden Polypen ganz zu schweigen.

Der Schredder aus Dalian mag in seinem Design besonders martialisch sein. Grundsätzlich knüpft er aber an eine Rhetorik planetarischer Bedrohung an, die oft in Bezug auf die Klimakrise angeschlagen wird, insbesondere dann, wenn von Quallenblüten die Rede ist. Zwar sind der starke Anstieg von Populationen und die damit einhergehenden Schwärme kein neues Phänomen, das ausschließlich auf menschengemachte Ursachen zurückzuführen ist. (Diese Sichtweise ist im Extremfall auch nur eine Form von anthropozentrischem Narzissmus.) Anhand von Fossilfunden lassen sich Blüten teils Millionenjahre zurückverfolgen. Indes geraten sie immer mehr in den Fokus: als Bioindikator stark beanspruchter Ökosysteme, als Verstärker etlicher Missstände in den Weltmeeren, ja als Omen einer bevorstehenden Katastrophe.

In einer Ausgabe der National Geographic *portraitiert William Crowder 1926 Medusen als filigrane Wesen, darunter im unteren Bereich drei Rippenquallen.*

Dabei gilt es zu beachten, dass die Forschung zur Quallenökologie zu jung ist und als Wissenschaft lange so marginalisiert und unterfinanziert war, dass sie oftmals nicht über die nötigen Daten und Materialien verfügt, um ein so komplexes Phänomen wie Quallenblüten adäquat zu untersuchen. Daher gelten die AGBs der Disziplin auch in dieser Hinsicht: Wenig ist gesichert, vieles ist und bleibt ungeklärt. Unterschiedlichste Gründe können zu Quallenblüten beitragen; das Setting muss schlichtweg stimmen: Gibt es unterseeische Fundamente, das sogenannte Hartsubstrat, an dem sich die Polypen festsetzen können? Sind im Zuge intensiven Fischfangs die Populationen der natürlichen Fressfeinde und Nahrungskonkurrenten geschwächt? Begünstigen der Salzgehalt sowie die Wassertemperatur die Strobilation der Polypen sowie die geschlechtliche Reproduktion der Medusen? Sind ausreichend Nährstoffe vorhanden? Der schlechte Zustand der Meere, die der Versauerung, Verschmutzung, Überfischung und Erderwärmung ausgesetzt sind, ist für Quallen prinzipiell weniger schlimm als für andere Meeresbewohner. Während etwa etliche Fischarten in Gewässern mit verringertem Sauerstoffgehalt sterben und die schützenden Außenschalen etlicher Krustentiere in Gewässern mit erhöhtem pH-Wert angegriffen werden, sind Quallen von diesen Entwicklungen kaum betroffen. Sie sind so adaptiv, genügsam und tolerant, dass sie in Zonen (über-)leben können, in denen andere Tiere auf der Strecke bleiben. Zahlreiche Faktoren sind also einzeln zu berücksichtigen, zugleich gebündelt zu begutachten, um Entstehung, Ausbreitung und Abebben solcher Massenerscheinungen einordnen zu können. Mitunter ergibt sich der Eindruck einer extremen Blüte auch, weil der

Wind Wassermassen in Buchten und Häfen drückt. Als Plankton, das alle Meereslebewesen umfasst, die nicht aktiv gegen die Strömung anschwimmen können, schaffen es die Quallen aus eigener Kraft nicht zurück ins offene Meer. Auf den ersten Blick wirkt es dann wie ein spektakuläres Debakel, dabei ist die Biomasse an der betreffenden Stelle lediglich aufkonzentriert worden.

In Südkorea wird in Anbetracht dieser Entwicklungen jedenfalls an JEROS geforscht, was harmlos klingt, bis man das Kürzel auflöst: Jellyfish Elimination Robotic Swarm. Eine Gruppe schlauchbootgroßer Leichtbauroboter gleitet über das Wasser, sucht die Umgebung mit Unterstützung einer Bilderkennung nach Quallen ab, steuert sie an und schreddert sie. So jedenfalls funktionierte das erste Modell, das bald schon durch eine effizientere Variante ersetzt wurde. Gewünscht ist eine möglichst totale Bereinigung der Umwelt, eine robotisierte, militarisierte und algorithmisierte Kontrolle über die Natur, bei der selbst die Nährstoffe, die durch das Schreddern hinabsinken und andere Lebewesen in tieferen Meeresbereichen ernähren, eine Gefahr darstellen. Die neueren Modelle extrahieren die Quallen dementsprechend über ein Förderband oder ein Liftsystem aus dem Wasser, um sie erst an Deck beziehungsweise an Land zu töten.

Aber wagen wir den Schritt von der Zurichtung zur Zuneigung, von der Destruktion zur Demut. In einem Brief, den Ernst Haeckel von Lanzarote aus abschickt, wird klar, wie unterschiedlich Netze zum Einsatz kommen können: »Das bei weitem beste und interessanteste Material liefert uns die pelagische Fischerei mit dem feinen Gazenetz«, schreibt ein begeisterter junger Haeckel im Januar 1867, »mit welchem wir das Wasser der Meeresoberfläche gleichsam filtrieren, so daß die zahllosen, an der Oberfläche wimmelnden kleinen Tierchen in den Netzmaschen hängenbleiben und dann in einem großen Glasgefäße, mit Seewasser gefüllt, abgespült werden. So erhalten wir eine Masse von herrlichen, zarten Medusen mit den zierlichsten Formen und schönsten Farben.« Entfernter können zwei Welten nicht sein: hier die Blaupausen für Schreddernetze und Tötungsroboter, dort die Berichte von Haeckel, der ein Jahr vor dem Lanzarote-Aufenthalt den Begriff der Ökologie erstmals umreißt, sowie (viel später dann) die Romane von Ursula Le Guin und die Essays von Donna J. Haraway, in denen ein planetarisches Zusammenleben abseits einer Dominanz des Menschen über seine Umwelt imaginiert wird.

Wie eine zivile Begegnung zwischen Spezies aussehen könnte, hat der Schriftsteller Gilbert Keith Chesterton bereits vor vielen Jahrzehnten formuliert, lange bevor sich das Nature Writing und der Ecocriticism des Themas angenommen haben. 1901 setzt er in einem Zeitungsartikel zur *Verteidigung der Demut* an, wie der Titel seines Beitrags lautet. »Gesetzt, es wollte einer wirklich«, schreibt er, »so weit nur möglich, alles sehen, wie es ist«, so würde er danach trachten, »sich zeitweilig von all den persönlichen Eigenheiten loszulösen, die ihn von dem Gegenstand seines Studiums entfernen. Wenn wir einen Fisch genau studieren wollen, dürfen wir dabei nicht stolz an unsere Füße denken, als wären sie das Allerhöchste persönlichen Schmuckes. Der ernsthafte Forscher einer Fischmoral wird – im geistigen Sinne – seine Beine abstreifen«. Und wer, heißt es kurz darauf, »all die Hoffnungen und Ängste der Qualle ergründen will, wird seine persönliche Erscheinung bis zu einem beängstigenden Grade einschränken müssen. Es ist, als ob dieser unser imposanter Körper, auf den wir mit Recht stolz sind, uns eher im Wege wäre, vom Moment an, da wir die Dinge wirklich so einschätzen wollen, wie sie tatsächlich sind, und es vollzieht sich in uns ein Prozess geistiger Askese, eine Kastration unseres ganzen Wesens, wenn wir in die Fülle aller Dinge eindringen wollen. Es kann uns nur dienlich sein, wenn wir die Fähigkeit erlangen, manchmal nur mehr wie ein Fenster zu sein – so klar, so durchsichtig und so unsichtbar.«

Chestertons spekulative Zeilen führen einen zurück zu Rainer Maria Rilke, der gut zehn Jahre nach der *Verteidigung der Demut* seine *Duineser Elegien* beginnt. Die Verse aus der *Achten Duineser Elegie* lesen sich plötzlich anders und ganz neu: »Oder daß ein Tier, / ein stummes, aufschaut, ruhig durch uns durch.« Eine quasi transparente Qualle, ein quasi durchsichtiger Mensch – beide bei sich und doch an der Grenze, distinkt und doch einsehbar.

Grundsätzlich scheint zu gelten: Wer einen Blick nach vorne wirft, kommt nicht umhin, in ihr Quallen auszumachen, als Projektion, Problem oder Prognose. In einem Comic-Strip von 2020 stellt sich etwa die Künstlerin Chitra Venkataramani das Dosenfutter der Zukunft vor; in Konserven werden keine Bohnen mehr eingelegt, sondern Quallenfleisch. Unabhängig von traditionellen Gerichten, in denen Quallen verarbeitet werden, gibt es in der Nahrungsmittelindustrie und Ernährungspolitik immer mehr Initiativen, Medusen auf den Teller zu bringen. Ob das letztlich zu einer einträchtigen Mahlzeit führt, wie sie

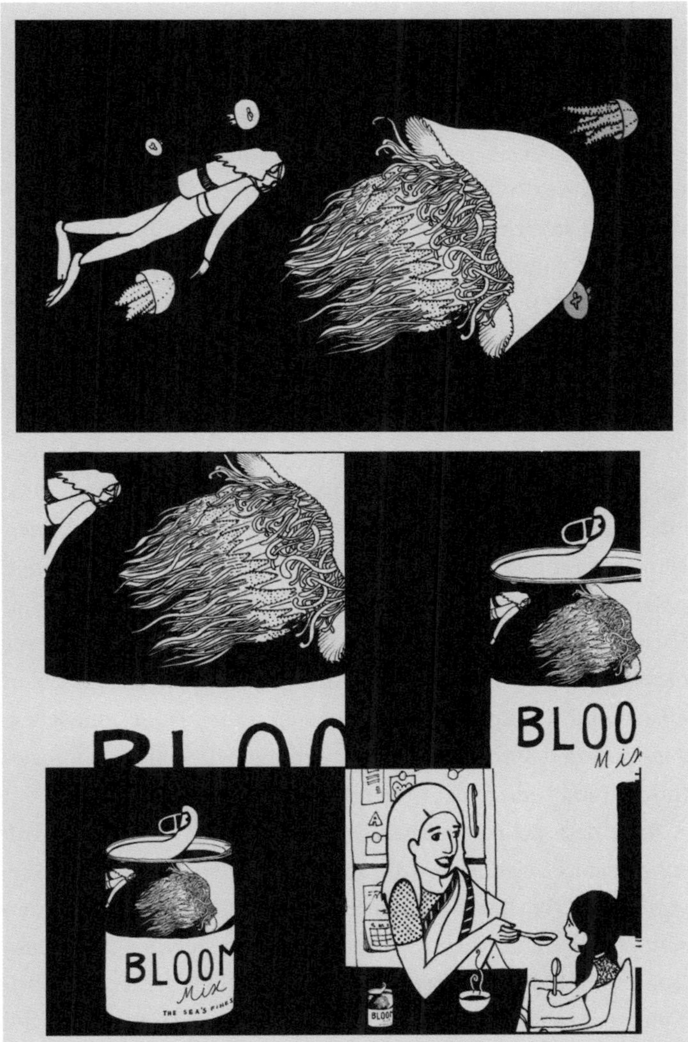

Die Qualle als Dosenfutter der Zukunft? So jedenfalls lautet die Prophezeiung in diesem Comic aus dem Handbuch Anthropocene Unseen *aus dem Jahr 2020.*

hier imaginiert wird, ist indes nicht ausgemacht. In Bezug auf Essgewohnheiten werden schließlich auch immer öfters ideologische Kämpfe ausgetragen.

Meeresbiologen wie Lisa-ann Gershwin warnen davor, dass die Ozeane bereits jetzt so überstrapaziert seien, dass es nur eine Frage der Zeit sei, bis das Bild blühender Korallenriffe, glitzernder Fischschwärme und unendlich glänzenden Blaus abgelöst werde durch das Bild verschmierter Wasserflächen voller Phytoplankton, entvölkerter Todeszonen und einiger weniger Tierarten, denen es gelingt, auch in diesem so anderen Meer zu überleben. Der Politologe und Wissenschaftshistoriker Delf Rothe wiederum beendet seinen Aufsatz zu Sicherheit, Technologie und Ozeanen mit dem genauen Gegenteil – nicht mit einer tierischen, sondern einer technischen Vision des Jahres 2054: »Die Ozeane sind noch immer voller Leben. Dennoch werden sie von zwei Roboter-Spezies dominiert: *Cyro* und *JEROS*. Sie patrouillieren – mit Wasserstoff betankt und perfekt an den Meeresraum angepasst – ohne Unterlass durch die Gewässer der Erde, ihre Umwelt nach sichtbaren Zeichen ihresgleichen absuchend. In diesem Szenario bleiben die beiden menschengeschaffenen Roboter-Spezies verfangen in einem endlosen Kampf ohne jede Bedeutung oder jeden Zweck.«

Nach dem Schredderfiasko spricht sich das chinesische Forscherteam übrigens für ein anderes System aus: Es sei sinnvoller, ein Vorhersage-Radar einzurichten, das auf unterschiedliche Daten zurückgreifen könne, um Polypengärten und Quallenblüten frühzeitig zu erfassen und Schiffe dementsprechend umzuleiten. Für den mediterranen Raum ist eine solche Infrastruktur bereits in einer ersten Version im Einsatz. *Medu-*

seo informiert Strandgäste mit einem Ampelsystem darüber, in welchen Küstengebieten mit Quallen zu rechnen ist. Die Exaktheit wird von den Betreibern mit achtzig Prozent angegeben.

Je nach Ausführung wäre ein solches Radar das ultimative Kunstwerk: Es böte uns ein planetarisches Wimmelbild, ein Interface aus Technik und Organik, Vernetztheit und Tentakularität, Menschen und Tiere, allesamt eingebettet in ein einzigartiges glob-glob-globales Visual. Vielleicht wäre in dieser Vision im Gegensatz zu Rothes Zukunft auch so etwas wie Bedeutung oder Zweckhaftigkeit zu haben: Sie läge darin, die Ausmaße der Zusammenhänge anzuerkennen, in denen der Mensch steckt. Sie zeigte sich darin, mit welchem Ernst und mit welcher Euphorie er dazu bereit wäre, sich in diesem Bild zu verorten, nicht als Zentrum, sondern als ein Dot, als einer von vielen möglichen Bezugspunkten, die sich meiden und suchen, die sich einander annähern und sich voneinander entfernen.

Das Radar piept, die Qualle driftet, die Karte aktualisiert sich. Die mal erregende, mal erschreckende Nervosität dieses Jahrhunderts hat ihren flackrigen Rhythmus, ihren Puls gefunden.

Nomura-Qualle
Nemopilema nomurai

Nomura's jellyfish
Méduse de Nomura

Wer Quallen abstoßend und bedrohlich finden möchte, ist hier genau richtig. Die Nomura-Qualle stellt mit einem Gewicht von mehr als 200 Kilogramm zwar nicht die größte, wohl aber die schwerste bekannte Art dar. Sie kommt im Pazifik vor, genauer: im Gelben, Ostchinesischen und Japanischen Meer. Selbst die Liebhaber von Medusen müssen in ihrem Fall zugeben: Dieser orange-braune Fransensack ist eine Plage. Während ihre Quallenblüten im Laufe des 20. Jahrhunderts nur alle paar Jahrzehnte beobachtet wurden, hat sich die Frequenz in den letzten Jahren erhöht. In chinesischen Gewässern, die durch Überfischung und Düngerausgüsse belastet sind, vermehrt sich die Nomura-Qualle stark. Ein Trigger-Effekt für die massenhafte Aktivierung der oft jahrelang schlafenden Polypen liegt mutmaßlich in einer erhöhten Wassertemperatur. Zudem werden dort gezüchtete Jung-Exemplare (Ephyren) von der Nahrungsmittelindustrie ausgesetzt, um später geerntet zu werden. Die Nomura-Qualle driftet dennoch milliardenfach (ja, milliardenfach) nach Norden und setzt vor allem den japanischen Fischereien stark zu: Netze reißen, Boote kippen, Menschen verzweifeln.

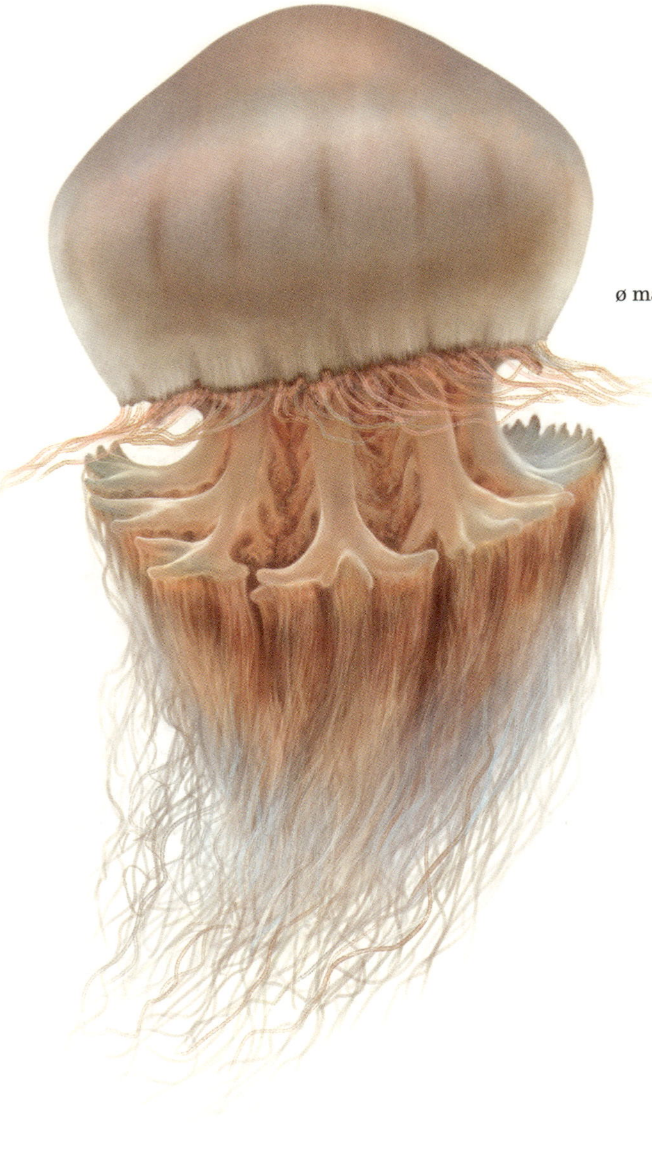

ø max. 2 m

Aequorea victoria
Aequorea victoria

Crystal jelly
Aequorea victoria

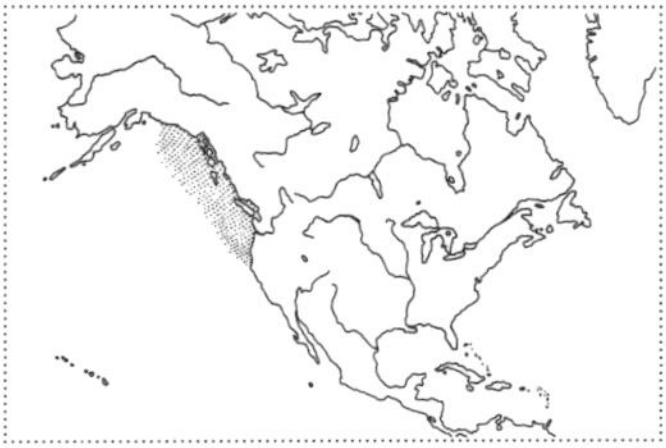

Der Name trifft es ganz gut, ist diese Art aus der Klasse der Hydrozoen doch eng verbunden mit einem Sieg der Wissenschaft: Der japanische Forscher Osamu Shimomura forscht ab den 1950er-Jahren zur Biolumineszenz, jener chemischen Reaktion im Körperinnern, die Quallen leuchten lässt. Aber wie kommt es dazu? Und zu welchen Gelegenheiten? Mit seiner Frau, seinem Sohn und seiner erst fünfjährigen Tochter habe er, berichtet Shimomura später, 1961 mehr als zehntausend Exemplare der *Aequorea victoria* eingesammelt. Die Art ist nahezu transparent und und besitzt je nach Umweltbedingungen und Nahrungsgrundlagen einen Schirmdurchmesser von acht bis fünfundzwanzig Zentimetern. Die Familienbeschäftigung der etwas anderen Art trägt tatsächlich zum Durchbruch bei. Am Ende der jahrzehntelangen internationalen Forschungen steht die Entdeckung und Nutzung des GFP, des Grün fluoreszierenden Proteins. Als sogenanntes Reportergen hat es die Zellbiologie revolutioniert, bisher unsichtbare zelluläre Abläufe – bei Tieren wie bei Menschen – können durch den Einsatz des GFP erstmals beobachtet werden. 2008 wird Osamu Shimomura gemeinsam mit Martin Chalfie und Roger Tsien der Chemie-Nobelpreis für die Entdeckung und Entwicklung der Leuchtproteine verliehen.

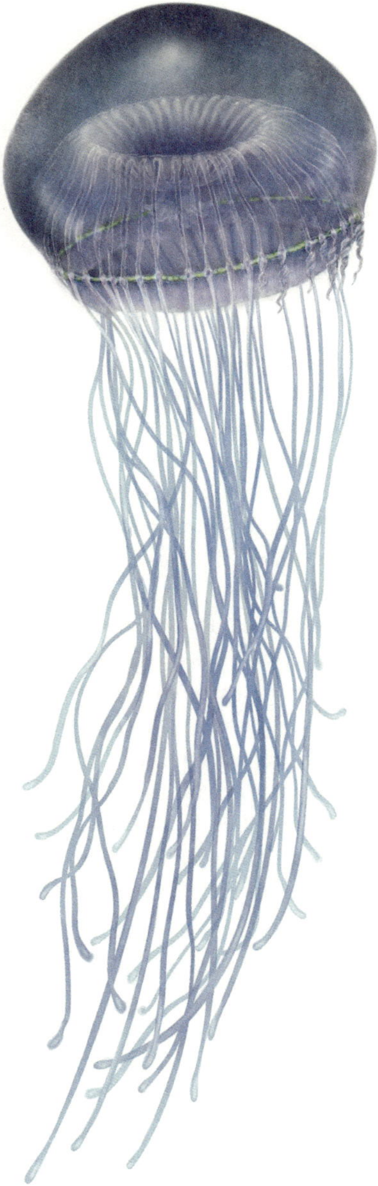

ø 8–25 cm

Spiegeleiqualle
Cotylorhiza tuberculata

Fried egg jellyfish
Méduse œuf au plat

Der Fachname ist unaussprechlich, der populäre Name hingegen eher unflätig: Die Spiegeleiqualle kommt im Mittelmeer vor, lebt oberflächennah und sieht von oben tatsächlich wie eine Eierspeise aus, von unten wie der Kronleuchter aus einem Recycle-Workshop, bei dem alte Paillettenkleider verarbeitet werden. Der Schirm mit der charakteristischen Kuppel kann bis zu vierzig Zentimeter messen und variiert farblich je nach Nahrungslage zwischen mattgelb und tieforange. Das Nesselgift ist für Menschen nicht wirklich zu spüren, geschweige denn gefährlich. Wie so viele Arten lebt *Cotylorhiza tuberculata* symbiotisch und illustriert damit mustergültig, dass Quallen nur zu verstehen sind, wenn die Interaktionen mit ihrer Umwelt berücksichtigt werden. (Diese Einsicht steht übrigens im Widerspruch zur verbreiteten fotografischen Praxis, die einzelne Qualle als Hypertier vor schwarzem Hintergrund zu zeigen, als führte sie ein bezugloses Leben.) Kleine Fische suchen nahe und in dem Schirm der Spiegeleiqualle Obdach vor Fressfeinden. Und die mal weißen, mal blauen Pailletten sind nichts anderes als knopfkleine Ansammlungen von Algen (Zooxanthellen), die an den Seiten und unterhalb des Schirms haften.

ø 30–40 cm

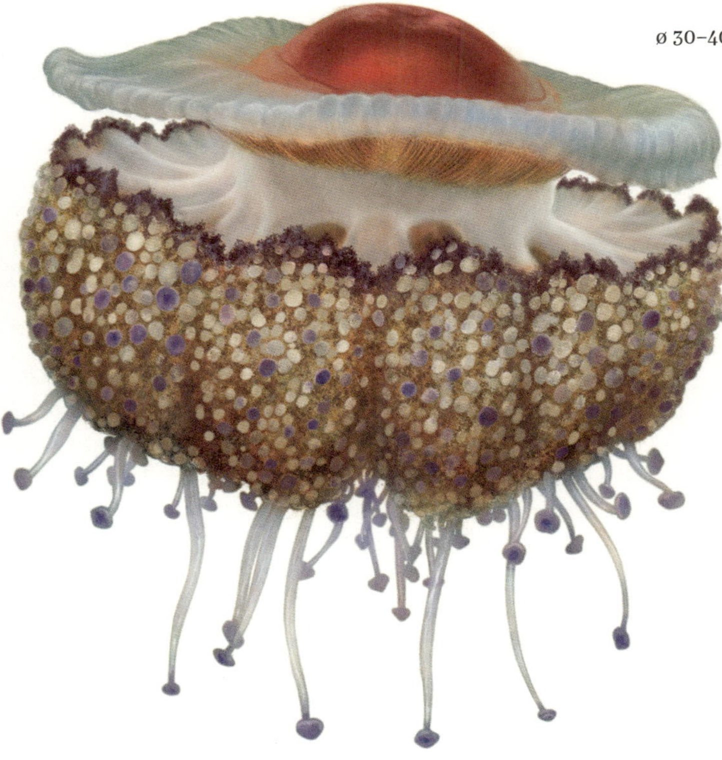

Stygiomedusa gigantea

Stygiomedusa gigantea

Giant phantom jelly

Méduse fantôme géante

»Warum sollte es nicht in seinem Schoß«, fragt der Erzähler in Jules Vernes Roman *20 000 Meilen unter dem Meer* in Bezug auf den Ozean, »die letzten Arten dieser Riesengattungen bergen?« Dem Schriftsteller standen damals nur die Imagination und einige wenige Informationen zur Tiefsee zur Verfügung. Heute ist das anders: Mithilfe von Tauchrobotern ist vielerorts (darunter in der Antarktis) die Art *Stygiomedusa gigantea* gesichtet worden. Sie kommt in etlichen Weltmeeren in einer Tiefe zwischen tausend und zweitausend Metern vor, ihr Schirm kann mehr als einen Meter messen und die vier Mundarme, die zumeist dunkelrot bis braun sind, können bei adulten Exemplaren bis zu zehn Meter umfassen. Im Gegensatz zu vielen anderen Arten besitzt sie kein Polypen-Stadium. Der Nachwuchs wächst im Mutterleib in Brutkammern heran und wird später im Rahmen einer Lebendgeburt ins Wasser entlassen. Alberne Spitznamen scheinen bei Quallen üblich zu sein; so gibt es neben der Spiegeleiqualle auch die Kanonenballqualle. Spielen wir das Spiel mit: *Stygiomedusa gigantea* ist die graue Eminenz unter den Medusen.

ø 100–140 cm

Süßwasserqualle
Craspedacusta sowerbii

Peach blossom jellyfish
Méduse d'eau douce

Vom Koloss zum Zwerg: Die Süßwasserqualle mit einem Schirmdurchmesser von maximal 2,5 Zentimetern stammt ursprünglich aus ostasiatischen Gewässern, hat sich aber im Laufe des 19. und 20. Jahrhunderts weltweit verbreitet. Die Globalisierung macht's möglich. Seit den 1880er-Jahren ist sie auch in Europa und Nordamerika zu finden, darunter in Massachusetts an einem geradezu heiligen Ort des Nature Writing – im sogenannten *Walden Pond*, dem See, an dessen Ufer Henry David Thoreau zwischen 1845 und 1847 lebt. Dort schreibt er an *Walden, or Life in the Woods* und feilt damit an dem in der Moderne so gefragten Mythos der Natur als Ort der Einkehr und der Genesung. Die *Craspedacusta sowerbii* ist ein kleiner Badegast unter größeren Badegästen – und ein Beispiel dafür, dass die Bezeichnung ›invasive Art‹ in die Irre führen kann. Das Ökosystem ist nicht gekippt, Fischarten sind nicht verdrängt worden, die Menschen merken nichts von den schwachen Nesselkapseln.

ø 5–25 mm

Ohrenqualle
Aurelia aurita

Moon jellyfish
Méduse lune

Zu Beginn des Buches hieß es, dass es gut sei, sich eine gewisse Ruhe anzugewöhnen, wenn von Quallen die Rede ist, und nicht ständig Oh! und Ah! oder Ih! zu rufen und das Tier damit zu ästhetisieren, zu idealisieren oder zu dämonisieren. Die fast schon langweilige Ohrenqualle ist in dieser Hinsicht die richtige Wahl. Der milchig durchsichtige Schirm, in den in vier bogenförmigen Strängen die Keimdrüsen eingelassen sind, kann bei adulten Medusen einen Durchmesser von bis zu vierzig Zentimetern erreichen. Je nach Umweltbedingungen können Exemplare der *Aurelia aurita* auch bedeutend kleiner sein. Sie kommt an der europäischen Atlantikküste, in der Ost- sowie der Nordsee vor und gilt als die meistbeschriebene Art in der Fachliteratur. (Das zeigt mal wieder, dass auch die »Medusologie« ein ursprünglich europäisches Projekt ist.) Weil sie weder eindrückliche Färbungen noch besondere morphologische Eigenheiten aufweist, werden lange Zeit zahlreiche Spezies des Genus *Aurelia* verwechselt beziehungsweise falsch klassifiziert. Und noch heute herrscht in Bezug auf *Aurelia aurita* Unklarheit über Verwandtschaft und Abstammung. Lediglich ihre ›Cousinen‹ *Aurelia labiata* und *Aurelia limbata* sind taxonomisch definitiv identifiziert worden.

ø 5–40 cm

Kompassqualle
Chrysaora hysoscella

Compass jellyfish
Méduse rayonnée

Fotogener als bei der Gattung der Kompassquallen kann es kaum werden. In zahlreichen Aquarien wird Arten wie der *Chrysaora hysoscella* oder der *Chrysaora fuscescens* ein Premium-Platz eingeräumt. Bei Ersterer verläuft eine strahlenförmige Zeichnung, die mal beige, mal gelbbraun oder lavafarben ist, über den nahezu transparenten Außenschirm. Dieser hat im Durchschnitt einen Durchmesser von zwanzig bis fünfunddreißig Zentimetern. Die wolkig verschlungenen Mundarme erinnern an Zuckerwatte, die eingefalteten Lappen am Rand des Schirms an Porzellanstuck. Wer als Aquariumsbesucher sieht, wie dieses feuerrote Wesen durch eine meeresblaue Umgebung pulsiert, so schmächtig und taktvoll, der kann kaum anders, als sich ganz grundsätzliche Fragen über Gott und die Welt und die Quallen zu stellen. Wer etwas mehr Ausrüstung und Glück hat, wird auch anderswo fündig. Im Adriatischen Meer, nahe dem kroatischen Küstenort Trogir, stoßen Forscher Ende 2021 auf ein außerordentlich großes Exemplar der Art, die im ganzen Mittelmeer, dem Atlantik sowie der Nordsee anzutreffen ist. Die Fotos, die anlässlich der Expedition entstehen, zeigen, dass die Phrase vom Menschen als Krönung der Schöpfung eigentlich eine Farce ist. Die *Chrysaora hysoscella* driftet in ihrer Farbpracht und barocken Formvielfalt umher, neben sich die neoporenschwarzen, schwerfälligen Taucher, die eindeutig nicht in ihrem Element sind.

ø 20–35 cm

Portugiesische Galeere
Physalia physalis

Atlantic Portuguese man o' war
Vessie de mer

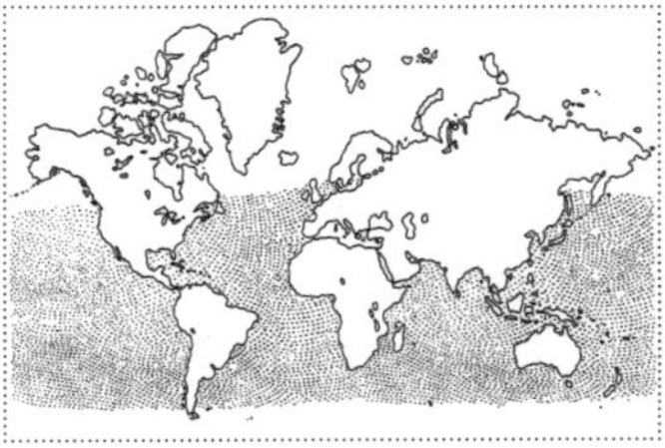

Was wie das neueste Modell aus der Flotte des mittelalterlichen Königreichs Portugal klingt, ist tatsächlich eine der visuell eindrücklichsten Arten aus der Klasse der Hydrozoen: Die Portugiesische Galeere ist vor allem in tropischen und subtropischen Gewässern anzutreffen, wurde aber auch an den Küsten Mallorcas oder in den Buchten Kanadas gesichtet. Wäre ihre Farbgebung nicht so opulent und ihr Körperbau weniger besonders, hätte *Physalia physalis* wohl kein eigenes Portrait bekommen. Im streng taxonomischen Sinn wird sie nämlich nicht als Qualle betrachtet; als sogenannte Siphonophore setzt sie sich aus Einzelpolypen zusammen, die in ihrem Fall vier Funktionen übernehmen: Das Pneumatophor garantiert durch seine Blasenform den Auftrieb, die Dactylozooiden kümmern sich via Tentakel um Verteidigung und Beutefang, die Gastrozooiden um die Verdauung, die Gonozooiden um die Reproduktion. Ihre hochgiftigen Nesselzellen bildet die Portugiesische Galeere dementsprechend nur an den Fangfäden aus. Der tiktok-User Alexareed hat das auf, nun ja, interessante Weise nachgewiesen. In einem Video hebt er ein angeschwemmtes Exemplar hoch und leckt den Blasenkamm ab. Auf ein »Achtung! Danger! Attention!« von anderen Strandgästen hätte er wohl nicht reagiert, so fasziniert scheint er von der Qualle zu sein: »Oh my baby jesus, let's do it again.«

↔ 10 cm

Literaturverzeichnis

QUELLEN

Margaret Atwood: *Das Zelt*, Berlin 2006.

Hugo Ball: *Gesammelte Gedichte*, Zürich 1963.

Bertolt Brecht: *Über Lyrik*, Frankfurt am Main 1977.

Rachel Carson: »Undersea«, in: *Atlantic Monthly* 160 (1937), S. 322–325.

Gilbert Chesterton: »Verteidigung der Demut«, in: ders., *Verteidigung des Unsinns, der Demut, des Schundromans und anderer missachteter Dinge*, Leipzig 2020, S. 49–54.

Adelbert von Chamisso: *Reise um die Welt*, Berlin 2012.

Hanns Cibulka: *Sanddornzeit. Tagebuchblätter von Hiddensee*, Berlin 2020.

Maude Delap: »Notes on the Rearing, in an Aquarium, of Aurelia Aurita, L. and Pelagia Perla«, in: Department of agriculture and technical instruction for Ireland (Hg.), *Report on the Sea and Inland Fisheries of Ireland for 1905*, Dublin 1907, S. 160–164.

Maude Delap: »Notes on the Rearing of Chrysaora Isosceles in an Aquarium«, in: *The Irish Naturalist* 10 (1901), S. 25–28.

Christopher Ecker: »Nashorn, Wombat und Qualle«, in: *Streckenläufer* 23 (2005), S. 3–6.

Sigmund Freud: »Das Medusenhaupt«, in: ders., *Gesammelte Werke*, Bd. 17, London 1966, S. 45–48.

Joshua Groß: *Flexen in Miami*, Berlin 2020.

Ernst Haeckel: *Monographie der Medusen*, Jena 1879.

Ernst Haeckel: *Online Briefedition*, {haeckel-briefwechsel-projekt.uni-jena.de}.

Werner Heisenberg: *Physik und Philosophie*, Stuttgart 1959.

Alfred Kerr: *Berlin wird Berlin. Briefe aus der Reichshauptstadt 1897–1922*, Göttingen 2021.

Ray Lankester: ***Degeneration. A Chapter in Darwinism***, London 1880.

Ursula Le Guin: ***Die Geißel des Himmels***, Bellheim 2006.

Julius Lohmeyer: ***Die Reise in's Meer. Ein Aquarium für die wißbegierige Jugend***, Berlin 1869.

Enis Maci: ***Eiscafé Europa***, Berlin 2019.

Tom McCarthy: ***Schreibmaschinen, Bomben, Quallen***, Zürich 2019.

Jules Michelet: ***Das Meer***, Frankfurt am Main 2006.

Les Murray: ***Aus einem See von Strophen***, Berlin 2014.

Yei Theodora Ozaki: »The Jelly Fish and the Monkey«, in: dies. (Hg.), *Japanese Fairy Tales*, New York 1908, S. 192–206.

Sylvia Plath: ***Ariel,*** Frankfurt am Main 2008.

Sylvia Plath: ***The Unabridged Journals of Sylvia Plath***, New York 2007.

Marion Poschmann: ***Geistersehen***, Berlin 2010.

Lorenz Oken: ***Lehrbuch der Naturphilosophie***, 2. umgearbeitete Aufl., Jena 1831.

Philipp Röding: ***20XX***, Wien 2020.

George Romanes: ***Jelly-fish, star-fish and sea urchins, being a research on primitive nervous systems***, New York 1885.

George Romanes: ***The Life and Letters of George Romanes,*** London, New York, Bombay 1896.

Jean-Paul Sartre: »Betrachtungen zur Judenfrage«, in: ders., *Gesammelte Werke in Einzelausgaben, Politische Schriften*, Bd. 2, Reinbek bei Hamburg 1994, S. 9–36.

Jean-Paul Sartre: ***Die Kindheit eines Chefs***, Reinbek bei Hamburg 2011.

Ludwig Tieck: »Der Wassermensch«, in: ders., *Gesammelte Novellen*, Breslau 1835, S. 4–62.

Paul Valéry, »Über den Tanz«, in: ders., *Tanz, Zeichnung und Degas*, Berlin, Frankfurt am Main 1940, S. 22–31.

Jules Verne: ***20 000 Meilen unter dem Meer***, Wien, Pest, Leipzig 1874.

Mikael Vogel: ***Tier***, Berlin 2020.

H. G. Wells: ***Die Zeitmaschine***, München 2017.

KULTUR- UND WISSENSCHAFTS-GESCHICHTE

Natascha Adamowsky: ***Ozeanische Wunder. Entdeckung und Eroberung des Meeres in der Moderne***, Paderborn 2017.

Stacy Alaimo: »Jellyfish Science, Jellyfish Aesthetics: Posthuman Reconfiguration of the Sensible«, in: Cecilia Chen, Janine MacLeod, Astrida Neimanis (Hg.): *Thinking with Water*, Montreal 2013, S. 139–164.

Karen Barad: ***Verschränkungen***, Berlin 2015.

Anne Byrne: »Untangling the Medusa. Maude Jane Delap (1866–1953)«, in: *Stars, Shells and Bluebells. Women Scientists and Pioneers*, Dublin 1997, S. 98–109.

Jon Crylen: »Cinema Cnidaria, or Marine Movies in an Age of Mass Extinction«, in: *Media Fields Journal* 13 (2018), o. P.

Michael C. Frank: »Überlebsel. Das Primitive in Anthropologie und Evolutionstheorie des 19. Jahrhunderts«, in: Nicola Gess (Hg.), *Literarischer Primitivismus*, Berlin 2013, S. 159–187.

Jacqueline Goy: ***Les méduses de Péron et Lesueur, un autre regard sur l'expédition Baudin***, Paris 1995.

Julia Grillmayr: ***Tentakulär #1*** (Podcast: *Superscience Me*), Wien 2019.

Sonja Häder: »Kunstformen als Wissensrepräsentationen. Die naturwissenschaftlichen Glasmodelle von Leopold und Rudolf Blaschka«, in: *Zeitschrift für Pädagogik* 58 (2012), S. 200–217.

Ernst Haeckel: ***The Art and Science of Ernst Haeckel***, Köln 2017.

Donna J. Haraway, Vinciane Despret u. a.: »Stay where the trouble is«, in: *Zeitschrift für Medienwissenschaft* 3 (2011), S. 92–102.

Donna J. Haraway: *Unruhig bleiben. Die Verwandtschaft der Arten im Chtuluzän*, Frankfurt am Main 2018.

Eva Hayward: »Sensational Jellyfish. Aquarium Affects and the Matter of Immersion«, in: *differences. A Journal of Feminist Cultural Studies* 23 (2012), S. 161–196.

Nanna Heidenreich: »Medialisierungen des Meeres. Aquariengeschichten«, in: *Zeitschrift für Mediengeschichten* 20 (2019), S. 176–181.

Eva Horn: »Jenseits der Kindeskinder. Nachhaltigkeit im Anthropozän«, in: *Merkur* 71 (2017), S. 5–17.

Frederic Jameson: »Globalization and Political Strategy«, in: *New Left Review* 4 (2000), S. 49–68.

Verena Meis: »›The jellyfish must have precedence!‹ The Diaphanous Animal as an Optical Medium«, in: Frederike Middelhoff, Sebastian Schönbeck u. a. (Hg.), *Texts, animals, environments: zoopoetics and ecopoetics*, Freiburg im Breisgau 2019, S. 189–200.

Verena Meis: »Von lebenden Lupen und sehenden Tenakeln. Verdatete Quallen«, in: Ina Bolinski, Stefan Rieger (Hg.), *Das verdatete Tier. Zum Animal Turn in der Kultur- und Medienwissenschaft*, Stuttgart 2019, S. 35–44.

Timothy Morton: *Ökologie ohne Natur. Eine neue Sicht der Umwelt*, Berlin 2016.

Leonard Mosley: *Ein Gott dankt ab. Hirohito, Kaiser von Japan*, Hamburg 1967.

Rudi Nuss: »Wasser zu Wasser«, in: *Die Epilog* 8 (Mai 2019), S. 28–31.

Delf Rothe: »Jellyfish encounters: Science, Technology and Security in the Anthropocene Ocean«, in: *Critical Science on Security* 7 (2020), S. 145–159.

Klaus Theweleit: »Mörderische Anti-Weiblichkeit«, in: *informationszentrum 3. welt* 379 (2020), S. 34–36.

Julia Voss: »Die Undine der Evolutionstheorie«, in: *Frankfurter Allgemeine Zeitung*, 25. 8. 2008.

Karlheinz Wiegmann, Meike Niepelt, Franz Brümmer (Hg.): *Kunstformen des Meeres. Zoologische Glasmodelle von Leopold und Rudolf Blaschka,* Tübingen 2006.

Lambert Wiesing: *Ich für mich,* Berlin 2020.

BIOLOGIE, QUALLENFORSCHUNG

Juli Berwald: *Spineless. The Science of Jellyfish and the Art of Growing a Backbone,* New York 2017.

Lisa-ann Gershwin: *Quallen. Von der Faszination einer unbekannten Lebensform,* Bielefeld 2017.

Lisa-ann Gershwin: *Stung! On Jellyfish Blooms and the Future of the Ocean,* Chicago 2013.

Steven H. D. Haddock: »A golden age of gelata«, in: *Hydrobiologia* 530 (2004), S. 549–556.

Gerhard Jarms, André C. Morandini (Hg.): *World Atlas of Jellyfish,* München, Hamburg 2019.

Danksagung

Mein Dank für Anregungen, Präzisierungen und Lektüren, für Do-It's und Don't-do-It's gilt: FML; Claire Earnshaw, Sabrina Huga (Phyletisches Museum, Jena), Ludivine Jehin, Henning Marmulla, Madlaina Pestalozzi, Mevina Puorger, Jo Schneider, Max Stange, Ina Stoltenberg (GEOMAR, Kiel), Nora Wiedenhöft, Jan Wysocki.

Die Arbeit am Buch wurde durch die Kunststiftung Baden-Württemberg gefördert.

Hinweis zum Abbildungsverzeichnis

Trotz intensiver Bemühungen war es nicht möglich, alle Rechteinhaber:innen der verwendeten Bilder zu ermitteln. Wir bitten um Verständnis und bitten die Rechteinhaber:innen sowie die Verlage, deren Rechte berührt sind, sich ggf. mit uns in Verbindung zu setzen. In einigen Fällen haben Rechteinhaber:innen und Verlage nicht auf unsere Kontaktbemühungen reagiert. Auch in diesen Fällen bitten wir freundlich darum, sich mit uns in Verbindung zu setzen.

Abbildungsverzeichnis

Seite 61 *Chrysaora hysoscella.* Skulptur von Leopold und Rudolf Blaschka. Foto: © Guido Mocafico, 2013.

Seite 65 *Underwater scene with seaweed, jellyfish and a starfish.* William Lionel Wyllie, 1889.

Seite 71 Illustration von Alphonse de Neuville, in: Jules Verne: 20 000 Meilen unter dem Meer, 1869.

Seite 75 *Fig. 11.* George Romanes: Jelly-Fish, Star-Fish and Sea-Urchins, New York 1885.

Seite 79 Quallenzeichnungen von Ernst Haeckel, Medusen-Album, undatiert.

Seiten 81 und 82 *Siphonophora, Desmemona annasethe.* Zeichnungen von Ernst Haeckel, Lithografien von Adolf Glitsch, in: Ernst Haeckel: Kunstformen der Natur, 1899–1904.

Seite 85 *Rendering Jellyfish.* Kayvon Fatahalian, Tim Foley, 2004.

Seiten 90 und 91 *Kambrisches Meer.* Zdeněk Burian, 1956.

Seite 95 *Putin erschlägt die schwule Agentenqualle mit dem heiligen Schwert.* Karikatur von Michael Sowa, 2014.

Seite 99 Illustration von Carl Reinhardt, in: Julius Lohmeyer: Die Reise in's Meer, Berlin 1869.

Seite 103 *Visit the Aquarium.* Werbeplakat der Work Project Administration, Pennsylvania 1937.

Seite 109 Panel aus: *Superman and Aquaman* (DC Comics Presents #5, Januar 1979).

Seite 112 *Rippenquallen.* Illustration von William Crowder, in: National Geographic, August 1926.

Seite 117 Comic von Chitra Venkataramani, in: *Anthropocene Unseen: A Lexicon.* punctum books, New York 2020.

Seiten 121–135 Illustrationen von Falk Nordmann, Berlin 2022.

Samuel Hamen, 1988 geboren, lebt und arbeitet als freier Schriftsteller in Diekirch und Heidelberg. Sein erster Roman *V wéi wreckt, w wéi Vitess* erschien 2018 bei Éditions Guy Binsfeld. Seine Literaturkritiken erscheinen bei Deutschlandfunk und ZEIT Online. Er wurde unter anderem mit dem Luxemburger Buchpreis 2020 sowie 2022 mit einem Stipendium der Roger-Willemsen-Stiftung ausgezeichnet.

NATURKUNDEN № 81
Erste Auflage Berlin 2022

NATURKUNDEN
herausgegeben von Judith Schalansky
erscheinen bei Matthes & Seitz Berlin
ermöglicht durch Jan Szlovak, Hamburg

Göhrener Straße 7, 10437 Berlin
info@matthes-seitz-berlin.de
info@naturkunden.de

EINBAND UND TYPOGRAFIE Pauline Altmann, Palingen
nach einem Entwurf von Judith Schalansky
TITELILLUSTRATION Pauline Altmann, Palingen
SCHRIFT Ingeborg von Michael Hochleitner / Typejockeys
LITHOGRAFIE Raimundas Austinskas, Kaunas
HERSTELLUNG Hermann Zanier, Berlin
PAPIER 100 g/m² Fly 04 hochweiß, 1,2-faches Volumen
EINBANDMATERIAL Napura® Khepera von
Winter & Company GmbH, Lörrach
DRUCK UND BINDUNG Pustet, Regensburg

ISBN 978-3-7518-0214-7

www.naturkunden.de
www.matthes-seitz-berlin.de